上扬子东部不同沉积环境
页岩储层性质

夏　鹏　王　科　赵凌云　著

中国矿业大学出版社
·徐州·

内 容 提 要

本书围绕上扬子地区典型海相潜质页岩和海陆过渡相潜质页岩,通过沉积学、矿物岩石学、地球化学等学科理论和方法技术分析了两种不同环境潜质页岩储层性质,对比了不同环境潜质页岩的储集能力、含气性差异及其主要影响因素,揭示了沉积环境、岩相、储层性质之间的耦合关系,能够为该地区页岩气勘探开发提供理论参考和基础数据支持。

本书适合石油天然气地质与开发研究方向的本科生和研究生,石油天然气领域教学科研人员,从事上扬子地区页岩气勘探开发工作的人员,以及对石油天然气勘探开发感兴趣的大众读者使用。

图书在版编目(C I P)数据

上扬子东部不同沉积环境页岩储层性质 / 夏鹏,王科,赵凌云著. — 徐州：中国矿业大学出版社,2024.8. — ISBN 978-7-5646-6385-8

Ⅰ. P618.130.2

中国国家版本馆 CIP 数据核字第 2024WJ3584 号

书　　名	上扬子东部不同沉积环境页岩储层性质
著　　者	夏　鹏　王　科　赵凌云
责任编辑	宋　晨　黄本斌
出版发行	中国矿业大学出版社有限责任公司
	(江苏省徐州市解放南路　邮编 221008)
营销热线	(0516)83885370　83884103
出版服务	(0516)83995789　83884920
网　　址	http://www.cumtp.com　**E-mail**:cumtpvip@cumtp.com
印　　刷	苏州市古得堡数码印刷有限公司
开　　本	787 mm×1092 mm　1/16　**印张** 13　**字数** 248 千字
版次印次	2024 年 8 月第 1 版　2024 年 8 月第 1 次印刷
定　　价	52.00 元

(图书出现印装质量问题,本社负责调换)

前　　言

　　页岩气是重要的非常规天然气资源,与煤炭、石油等资源相比,它具有清洁、高效的优点。自然资源部公布的数据显示我国页岩气可采资源量为 $21.8×10^{12}$ m³,高居世界第一位,美国能源信息署(EIA)的评估结果显示我国塔里木、准噶尔、四川、鄂尔多斯、渤海湾和松辽 6 个盆地的页岩气技术可采资源量达到 $36.10×10^{12}$ m³,这些评估结果均表明我国拥有非常丰富的页岩气资源,页岩气勘探开发潜力大。2010 年,我国第一口页岩气井在四川盆地威远气田完钻,海相页岩气的发现,标志着我国油气勘查进入了常规油气与非常规油气并重发展的时代。2011 年年底,经国务院批准,页岩气成为我国第172 个独立矿种。在这以后,多家单位投入页岩气勘探开发工作中,并取得了可喜的成效,页岩气产量逐年攀升,2023 年全国页岩气产量突破了 $25×10^{9}$ m³。然而,这部分页岩气主要产自四川盆地五峰组~龙马溪组海相页岩,而我国其他盆地或地区的部分层系尽管具有丰富的页岩气资源,但开发效果并不理想。

　　贵州发育下寒武统牛蹄塘组、上奥陶统五峰组~下志留统龙马溪组、下石炭统打屋坝组、中二叠统梁山组和上二叠统龙潭组等多套富有机质黑色页岩,均是页岩气勘探开发的潜质页岩。其中,牛蹄塘组、五峰组~龙马溪组、打屋坝组为海相潜质页岩,梁山组和龙潭组为海陆过渡相潜质页岩。根据贵州省原国土资源厅(2018 年改组为自然资源厅)公布的数据,贵州省内上述 5 套潜质页岩中页岩气地质资源量总和为 $9.22×10^{12}$ m³,可采资源量总和为 $1.66×10^{12}$ m³,其中以牛蹄塘组潜质页岩和龙潭组潜质页岩资源量最高,地质资源量分别达 $3.55×10^{12}$ m³ 和 $1.73×10^{12}$ m³,可采资源量分别为 $0.64×10^{12}$ m³ 和 $0.31×10^{12}$ m³。尽管资源量丰富,但贵州省页岩气开发进展较慢,至今尚未实现规模化的商业开发,这很大程度上是因为省内复杂的构造条件和频繁的沉积相变,页岩气储层非均质性极强。针对此问题,近年来,学者们围绕上述潜质页岩开展了大量研究,取得了很多重要的认识。

　　基于前人的研究成果,结合我们在研究工作中取得的认识,对贵州牛蹄塘组海相潜质页岩和龙潭组海陆过渡相潜质页岩开展储层性质、发育特征、组成特征

等方面的研究,讨论了页岩气含气性的影响因素,提出了沉积环境-岩相-储层性质耦合关系,取得的主要认识如下:

① 贵州牛蹄塘组海相潜质页岩和龙潭组海陆过渡相潜质页岩在有机质地球化学特征方面存在明显差异。牛蹄塘组海相潜质页岩有机质以腐泥组为主,干酪根类型为Ⅰ型;有机质丰度高,总有机碳(TOC)含量为 0.7%~14.6%;有机质热演化程度高,以过成熟($R_o \geqslant 2.0\%$,R_o 为镜质体反射率)页岩为主,含少量高成熟($1.3\% \leqslant R_o < 2.0\%$)页岩。龙潭组海陆过渡相潜质页岩有机质以镜质组为主,干酪根类型为Ⅲ型;有机质丰度高,TOC 含量为 0.1%~17.0%;有机质热演化程度较高,以高成熟($1.3\% \leqslant R_o < 2.0\%$)页岩和中成熟($0.7\% < R_o < 1.3\%$)页岩为主。

② 贵州牛蹄塘组海相潜质页岩和龙潭组海陆过渡相潜质页岩矿物组成差异大,主要岩相类型不同,对开发方式的适应性存在明显差别。牛蹄塘组潜质页岩矿物组成以石英为主,岩相类型以硅质页岩和富黏土硅质页岩为主。龙潭组潜质页岩矿物组成以黏土矿物为主,岩相类型以黏土质页岩和富硅黏土质页岩为主。牛蹄塘组潜质页岩脆性指数(32.0~92.0,平均值为 67.9)比龙潭组潜质页岩脆性指数(17.0~68.6,平均值为39.6)高,可压裂性也比龙潭组潜质页岩的好,但龙潭组潜质页岩具有埋藏浅以及更好的顶底板封堵条件。

③ 贵州牛蹄塘组海相潜质页岩和龙潭组海陆过渡相潜质页岩均发育无机孔、有机孔和微裂缝三类孔隙。其中,有机孔以气孔为主,发育程度和结构特征受有机质类型、有机质丰度、有机质成熟度等因素影响。微裂缝主要包括构造缝、有机质演化异常压力缝、成岩收缩缝和贴粒缝。牛蹄塘组潜质页岩孔隙度分布范围为 1.3%~25.6%,渗透率介于 $0.002\ 2 \times 10^{-3}$~$0.017\ 2 \times 10^{-3}\ \mu m^2$,龙潭组潜质页岩孔隙度分布范围为 0.13%~3.15%,渗透率介于 $0.000\ 8 \times 10^{-3}$~$0.263\ 5 \times 10^{-3}\ \mu m^2$。本书建立了潜质页岩有机孔对孔体积(CRV)和比表面积(CRA)的计算公式,为定量评价有机质对页岩中总孔隙的贡献度提供了新的参考方法。

④ 贵州牛蹄塘组海相潜质页岩解吸含气量为 0~2.65 cm^3/g,平均为1.76 cm^3/g,龙潭组海陆过渡相潜质页岩解吸含气量为 0.75~19.17 cm^3/g,显示龙潭组海相潜质页岩具有更好的含气性。牛蹄塘组与灯影组之间的不整合面为流体横向运移提供了最初的通道,加上大断层的影响,沟通断层网络、溶蚀孔缝面,可以对页岩气组成特征、保存条件形成区域性影响。相比之下,构造运动导致的龙潭组潜质页岩气体逸散量比牛蹄塘组海陆过渡相潜质页岩的少,这可能是导致龙潭组海陆过渡相潜质页岩含气性高于牛蹄塘组海相潜质页岩含气性的重要原因之一。

⑤ 潜质页岩的沉积环境、岩相和储层性质之间具有因果关系,加强潜质页岩沉积环境-岩相-储层性质耦合关系研究,有助于为页岩气储层评价和有利区段优选提供新的参考依据。牛蹄塘组沉积的早期,上扬子东部地区的西部主要为陆棚,东部为斜坡和盆地。当海水快速入侵时,西部陆棚水体较浅,水体的含氧量较高,沉积环境为氧化环境,主要沉积矿物为与陆源物质相关的黏土矿物;东部斜坡和盆地水体较深,水体含氧量逐渐降低,以厌氧的还原环境为主,主要沉积矿物为生物或热液来源的硅质矿物。龙潭组沉积环境分流间湾、潟湖、潮坪和泥炭沼泽,沉积环境的变化导致页岩性质复杂。

⑥ 通过牛蹄塘组海相潜质页岩陆棚相和盆地相的对比发现,盆地相潜质页岩的 TOC 含量变化范围小于陆棚相潜质页岩的,且 TOC 含量均值高于陆棚相的。相同环境下,黏土/硅质页岩和硅质页岩的 TOC 含量均值高于富硅黏土质页岩的,这反映出随黏土矿物含量增加,TOC 含量降低,主要原因之一是大量硅质为生物成因。龙潭组海陆过渡相潜质页岩在潟湖-潮坪和三角洲两种沉积体系下都可以形成富有机质页岩,均具有较大的页岩气勘探开发潜力,其中潟湖-潮坪体系中,不同岩相 TOC 含量大小关系为富硅黏土质页岩>硅/黏土混合页岩>黏土质页岩;三角洲沉积体系中,两种主要岩相页岩的 TOC 含量大小关系为富硅黏土质页岩>黏土质页岩。

本书由夏鹏统稿,共分 8 章,第 2 章、第 3 章、第 4 章、第 5 章、第 6 章、第 7 章由夏鹏撰写,第 1 章、第 8 章由夏鹏、赵凌云、王科执笔。博士研究生牟雨亮、宁诗坦,以及硕士研究生钟毅、杨聪、叶茂、周菲、石富玮、邵先宇、姚远柱、陈浪、施辉菊、凌云、李颖、何伟、吴腾、余寅、李智渲参与了书稿中图件的绘制和整理。此外,在书稿撰写过程中得到多位同行学者的帮助和指导,在此致以真诚的谢意。

贵州页岩气勘探开发尚处于起步发展阶段,本书尝试对比不同环境潜质页岩储层性质,为省内页岩气勘探开发提供基础数据支持和理论参考,限于作者水平,文中不妥之处,敬请批评指正。

著 者

2024 年 2 月

目　　录

第 1 章　区域地质背景

　　贵州位于华南板块之扬子陆块与江南复合造山带的过渡区,发育新元古代至新生代地层,它们形成于不同的沉积环境,具有不同的沉积组合。受多期构造运动影响,贵州省内构造和地形复杂,是全国唯一没有平原的省份,加之地层频繁相变,潜质页岩空间分布非均质性强。本章在总结贵州省地质背景的基础上,分析了贵州省内构造背景、沉积演化和地层发育特征,揭示了潜质页岩层系。

1.1　构造背景

1.1.1　构造运动

　　构造运动指地球内动力引起的岩石圈地质体变形、变位的机械运动,是地壳或岩石圈演化的动力,也是沉积、岩浆、变质、变形和成矿五大地质作用的主因。构造运动表现形式主要分为升降运动和水平运动两大类,其中水平运动可进一步划分为扩张运动和压缩运动(姜春发 等,1992)。压缩运动也称造山运动或褶皱运动,可使地壳或岩石圈发生缩短、隆起、增厚、拼合等作用,洋壳消减、陆壳增生,是板块碰撞造山、陆内造山作用的具体表现,贵州表现明显的有武陵运动、广西运动和燕山运动。升降运动指地壳抬升,造成隆升区域内一些重要的地层缺失弱变形,贵州表现明显的有雪峰运动、印支运动和喜马拉雅运动(戴传固 等,2013a;贵州省地质调查院,2017)。

　　(1)武陵运动

　　武陵运动为距今约 820 Ma 的构造事件,是贵州已知最古老的造山运动。该运动使梵净山群、四堡群形成北东向阿尔卑斯式褶皱(复式褶皱、轴面倾向北西的倒转、平卧褶皱),发生绿片岩相区域动力变质作用,形成大量逆冲推覆断层、韧性剪切带,使得新元古代上覆芙蓉坝组、归眼组与下伏梵净山群、四堡群的不同组及段呈明显角度不整合接触关系,新元古代芙蓉坝组、归眼组底部发育一套前陆盆地相磨拉石组合——底砾岩沉积。同时,出现碰撞-陆内造山型岩浆岩组合——正常花岗岩、黑云母花岗岩、二云母花岗岩、淡色花岗岩组合(白云母花岗岩)的侵入(戴传固 等,2010)。

武陵运动导致梵净山群、四堡群与上覆地层之间呈不整合接触关系,在梵净山—大庸一带表现为高角度不整合,平面上向两侧逐渐过渡为中~低角度不整合、平行不整合,反映该构造运动的中心位置位于贵州梵净山—湖南大庸一带。该运动导致南华狭窄洋盆萎缩、消亡,扬子古陆与华夏古陆汇聚碰撞,形成华南陆块,是新元古代梵净山/四堡时期该地区洋陆转换历程的具体体现。

(2)雪峰运动

雪峰运动距今约 800 Ma,与晋宁运动相当。该运动在贵州表现为区域性的掀斜隆升,隆升幅度北西高、南东低。沿锦屏—三都一线之南东,南华系长安组与青白口系下江时期的地层(丹洲群洪洲组、下江群白土地组)为海相连续沉积;该线之北西,南华系长安组、富禄组、澄江组、南沱组由南东向北西呈平行不整合或微角度不整合渐次上超叠覆到下江时期(下江群/板溪群)不同岩组之上,青白口系剥蚀程度由南东向北西递增。该不整合界面实为在长安期后盆地发生次级裂陷背景下,在盆地边缘形成的由南东向北西的上超界面(陈建书 等,2020)。

雪峰运动是贵州青白口系下江时期裂陷洋盆萎缩背景下开始出现盆地震荡演化的一个转折界面,从雪峰运动开始,盆地出现两期(即大塘坡期、牛蹄塘期)次一级裂陷,至牛蹄塘期以后盆地再次转入萎缩演化阶段。

(3)广西运动

广西运动代表志留纪末和泥盆纪初的构造运动事件,在其影响下,黔东及邻区上、下古生代地层的间断明显。该运动导致华南板块从西向东表现为平行不整合(贵州中部)、低角度不整合(贵州东部)、高角度不整合(湘桂通道—龙胜)接触关系,且泥盆系底部发育一套前陆盆地相磨拉石组合——底砾岩。在贵州黎平—从江以东地区、湖南通道地区以及桂北龙胜地区等造成前泥盆纪地层发生紧闭型阿尔卑斯式褶皱并局部倒转,褶皱走向总体为北东向;该线以西前泥盆纪地层变形变质强度逐渐减弱,使贵州大部分地区新元古代、早古生代地层发生低绿片岩相区域动力变质作用,发育北北东向开阔型阿尔卑斯式褶皱、逆冲推覆断层、过渡型韧性剪切带(贵州省地质调查院,2017)。区域上,湖南、桂北发育碰撞型岩浆岩组合,以桂北越城岭花岗岩岩体、湖南新化西鸭田加里东期岩体为代表,反映出该时期构造运动的中心位置处于湘桂地区通道—龙胜一带。

广西运动使南华裂谷海槽萎缩、消亡,扬子古陆与华夏古陆再次汇聚碰撞,形成华南陆块,是新元古代中晚期~泥盆纪初期该地区洋陆转换历程的具体体现。扬子古陆与华夏古陆的汇聚碰撞形成江南复合造山带(加里东期造山带),使贵州与广大东南地区形成辽阔的南华加里东褶皱区,与扬子陆块连为一体,进入统一的华南陆块发展阶段(陈旭 等,2012)。

(4)印支运动

印支运动发生于晚三叠世早期(亚智梁阶)和晚期(佩枯错阶)之间,在贵州与安源运动相当。该运动是一次以差异升降为主、兼有微弱变形的区域性构造运动,在贵州主要呈现为一个走向北北东并向北扬起的宽缓向斜拗曲(戴传固等,2015)。印支运动期间区域地应力作用方式主要为近东西向挤压,相对变形强度呈东强西弱、北强南弱的特点,其中黔西南关岭、贞丰等地是相对变形强度最微弱的地区。

印支运动对贵州乃至整个华南地史发展具有重要影响,结束了贵州长期以海相沉积为主的历史,使先期活动性质不同的若干地块弥合一体,成为以河湖相建造为特征同步演进的统一大陆。

(5)燕山运动

燕山运动是贵州非常重要和强烈的一次构造运动,在贵州省内零星分布的"红层"(即上白垩统茅台组),以角度不整合覆盖于前寒武系至侏罗系等不同时代地层之上,岩性组合为红色钙泥质胶结的砾岩、砂岩及黏土岩,是燕山运动之后山间盆地堆积的磨拉石建造。该运动使贵州下白垩统及以下地层普遍发生褶皱变形和断裂,奠定了贵州现在主要地质构造面貌的基础。

燕山运动使武陵构造旋回期、雪峰-加里东构造旋回期的部分构造形迹遭受叠加、改造,形成了侏罗山式褶皱和日耳曼式褶皱,同时断裂活动也十分强烈,形成近南北走向断面东倾的逆冲断层、北西走向的逆冲断层、北西走向平行走滑断层以及浅层滑脱构造,逆冲断层的运动方向主要是由东向西,平行走滑断层的运动方向主要是左行走滑。从构造变形特征结合区域构造特点反映出燕山运动期间贵州位于造山带的前陆带位置。该时期贵州受东、西方向的共同影响,东部构造活动的中心位置可能位于北海—萍乡—绍兴一带,是华南陆块板内活动阶段陆内造山作用的具体体现;西部主要受特提斯构造域地质演化的影响,构造活动的中心位置可能位于哀牢山一带,是哀牢山造山活动在贵州的具体体现(杨坤光等,2012;戴传固 等,2014)。燕山运动后期的红河断裂带巨型走滑作用对贵州部分地区构造线走向产生了极大影响。

（6）喜马拉雅运动

喜马拉雅运动代表了新近系与下伏地层之间角度不整合接触关系的构造事件,表现为新近系翁哨组以角度不整合覆盖于古近系及之前的不同时代地层之上。该运动导致贵州兼受太平洋板块和印度板块俯冲的影响,发生区域性抬升和断裂作用,形成一系列地垒-地堑式构造组合样式,明显切割先期构造形迹和地质体,控制新生代地层呈山间磨拉石盆地产出,同时也使上白垩统～古近系出现褶皱变形(戴传固 等,2013a)。

喜马拉雅期构造变形与先期构造具有明显的继承叠加关系。晚白垩世至古近纪地层均已变形,上白垩统～古近系组成的向斜大多分布在燕山期向斜核部地带,走向与前期向斜相近,甚至轴位完全重叠,多处见到有切割上白垩统～古近系的复活断层,是一种继承性的表现(杨坤光 等,2012)。

（7）新构造运动

新近纪以来的地壳运动称为新构造运动,是形成贵州现今地貌和水文网络的最重要因素。区域性隆升背景下的断块活动,形成一系列地垒-地堑式构造组合样式,明显切割先期构造形迹和地质体。该类型构造样式是贵州造山期后隆升背景的直接产物,是新构造运动的主要构造表现形式,控制了河谷阶地或第四系的分布,决定了现今温泉、地震、地貌和水系格局。现今地形地貌具有多级剥夷面、多级河谷阶地及多层溶洞等特点,反映出贵州新构造运动具有明显的掀斜性、间歇性隆升以及差异性隆升等特征,而且现在仍处在隆升趋势之中(王砚耕等,2000;何才华,2003)。

1.1.2 构造旋回

地层、沉积相、岩浆岩、变质岩、构造组合样式等特征反映贵州经历了洋陆转换和板内活动两个阶段的构造演化历程。以造山作用形成的角度不整合为重要依据,划分出四个构造旋回期,分别是武陵构造旋回期、雪峰-加里东构造旋回期、海西-印支-燕山构造旋回期、喜马拉雅-新构造旋回期(表1-1)。其中,武陵构造旋回期和雪峰-加里东构造旋回期同属于洋陆转换阶段;海西-印支-燕山构造旋回期和喜马拉雅-新构造旋回期同属于板内活动阶段(贵州省地质调查院,2017)。

表 1-1　贵州构造旋回期和大地构造相划分表（贵州省地质调查院,2017）

年代地层		构造阶段	大地构造相			
第四系		喜马拉雅-新构造旋回期	山间盆地相		板内岩浆岩相	
新近系						
古近系			磨拉石盆地相			
白垩系		海西-印支-燕山构造旋回期	前陆盆地相	陆地亚相		
侏罗系				滨岸-台地亚相	台缘亚相	台盆亚相
三叠系						
二叠系			滨岸-台地相	台缘相	裂谷盆地相	裂古火山岩相
石炭系						
泥盆系			磨拉石盆地相	板内岩浆岩相		
志留系		雪峰-加里东构造旋回期	前陆盆地相			
奥陶系			台地相	台缘相	斜坡-盆地相	
寒武系						
震旦系						
南华系			陆相	滨岸-陆棚相		
青白口系	下江时期		滨岸-台地相	陆棚-斜坡相	斜坡-盆地相	超基性、基性岩相
				裂陷(次)火山岩相	裂陷花岗岩相	
			磨拉石盆地相			
	梵净山时期	武陵构造旋回期	板内岩浆岩相			
			碰撞岩浆岩相			
			边缘海-弧后盆地相	弧后超基性、基性岩相	岛弧岩浆岩相	

（1）武陵构造旋回期

武陵构造旋回期为新元古代青白口纪梵净山/四堡时期,仅在贵州黔东梵净山、黔东南从江—桂北元宝山地区有记录。该构造旋回期是新元古代前扬子克拉通发生裂解-闭合的一次构造旋回,完成了包括贵州在内的第一次洋陆转换,形成了扬子陆块最古老的褶皱基底。武陵构造旋回期的裂解作用分裂出扬子古陆和华夏古陆,其间为南华狭窄洋盆和一些微陆块,而南华狭窄洋盆的中心位置可能位于师宗—松桃—慈利—九江一带(戴传固 等,2015)。该构造旋回期内,由于没有更老的地层出露,从梵净山群沉积至武陵运动(或称梵净运动、四堡运动),彻底结束了裂谷盆地沉积的历史,其间发生强烈褶皱造山,相伴区域变质,并形成贵州最老的褶皱基底。

武陵运动的中心位置位于贵州梵净山—湖南大庸一带,与该时期沉积盆地的中心位置相一致,南华狭窄洋盆逐渐萎缩、消亡,扬子古陆与华夏古陆的汇聚碰撞形成华南板块,是青白口纪中期末该地区洋陆转换历程的具体体现,亦是扬子古陆与华夏古陆聚合事件的中心位置,反映出由北向南、从早到晚逐渐封闭以及碰撞造山的迁移趋势(戴传固 等,2013a)。

(2)雪峰-加里东构造旋回期

雪峰-加里东构造旋回期为新元古代青白口纪晚期(下江时期)至泥盆纪初期。从新元古代晚期罗迪尼亚(Rodinia)超大陆解体、南华裂谷海槽形成到广西运动结束(其间经历了雪峰运动),是华南大陆裂解-闭合的又一次构造旋回,完成了包括贵州在内的第二次洋陆转换。该构造旋回期沉积物充填序列显示,从早到晚经历了华南大陆裂陷阶段(裂谷盆地时期)—汇聚阶段(被动大陆边缘盆地时期)—碰撞造山阶段(前陆盆地时期)的发展演化过程,是震旦系、寒武系、奥陶~志留系页岩气目标层形成的重要构造旋回(王剑,2000)。

雪峰-加里东构造旋回期的早期构造以裂陷作用为主,形成一些控相古断裂,之后的雪峰运动、广西运动为隆升和造山运动。其中,雪峰运动为垂直升降运动,未造成明显的变形;广西运动是一次造山运动,其中心位置位于广西罗城—龙胜、湖南通道一带,使南华裂谷海槽萎缩、消亡,扬子古陆与华夏古陆的再次汇聚碰撞形成华南陆块,是新元古~早古生代该地区造山历程的具体体现(戴传固 等,2013b)。广西运动所形成的不整合沉积界面在广西罗城—龙胜、湖南通道一带为中角度不整合,在黔东南地区为低角度不整合,在黔东—黔东北地区为平行不整合,表现为从南东向北西逐渐减弱的特点。广西运动造成的构造变形在黔东南地区发育阿尔卑斯式褶皱,并伴有过渡性剪切带,向黔东北—黔北地区逐渐减弱,无明显的挤压变形,仅在造山末期有伸展滑脱现象,形成伸展正断层组合。

(3)海西-印支-燕山构造旋回期

海西-印支-燕山构造旋回期为晚古生代至早白垩世时期。该时期华南地区在江南复合造山带和特提斯构造域共同影响下进入板内活动裂陷、挤压阶段,经历了板内裂陷到挤压的动力学演化历程,其沉积背景经历了由裂陷盆地向前陆盆地的转化。该构造旋回期沉积物充填序列显示,从晚古生代到早白垩世经历了裂陷槽盆—陆内坳陷的演化过程。其中,泥盆纪～中二叠世早期为裂陷槽盆时期;中二叠世晚期为裂陷向挤压转换期,以区域上峨眉地幔柱强烈活动在贵州形成大片峨眉山玄武岩为标志,代表了裂陷盆地的最大裂陷期。

海西-印支-燕山构造旋回的早期阶段以裂陷作用为主,形成罗甸—水城北西向裂陷槽及黔南坳陷,其间在裂陷槽盆周缘发育控相古断裂。在此之后,构造活动以垂直升降作用为主(如东吴运动、印支运动),主要形成不整合沉积界面,造成地层因隆升剥蚀而缺失,但未见明显变形。晚期的燕山运动是一次强烈的造山运动,其中心位置位于绍兴—萍乡—北海一线,贵州处于造山带前陆带的位置(戴传固 等,2013a)。燕山运动是贵州范围内最强烈的一次造山运动,形成了贵州构造的主体格架。同时,燕山运动对贵州页岩气的成烃、成藏和保存具有深刻的影响(夏鹏 等,2018b;常德双 等,2021)。

(4)喜马拉雅-新构造旋回期

喜马拉雅-新构造旋回期对应晚白垩世以来的时期。该旋回期内贵州受青藏高原隆升影响,垂直运动特征明显,典型构造样式为隆升背景下的地垒-地堑式构造组合,以脆性变形为主要特点,具浅表层次构造变形特征。其明显切割先期构造形迹和地质体,控制上白垩统及新生代地层呈山间磨拉石盆地产出,上白垩统及古近系普遍出现褶皱变形,若干先期断层重新复活。在喜马拉雅构造活动的基础上,新构造活动在贵州主要表现为区域性隆升背景下的断块活动,具有明显的掀斜性、间歇性隆升和差异性隆升等特征,而且现今仍处在隆升趋势之中(秦守荣 等,1998;戴传固 等,2015)。

1.1.3 构造分区

贵州构造位置一级分区属羌塘-扬子-华南板块,二级分区属扬子陆块(图1-1)。

如图1-1所示,以地史演化过程中最高级别边界普安—贵阳—梵净山北(印江木黄)断裂带作为贵州境内的一级构造单元划分界线(相当于全国划分的三级构造单元界线),划分出2个构造大区(三级构造单元),即上扬子地块和江南复合造山带;依据主要控盆断裂、深部隐伏断裂带的分布,结合地表地层出露、变形特点,划分出8个四级构造单元,即威宁隆起区、六盘水裂陷槽、黔北隆起区、赤水克拉通盆地区、兴义隆起区、右江裂谷-前陆盆地区、黔南坳陷区和榕江加里东褶皱区;依据主要地表构造形迹的方向和变形组合样式、深部隐伏断裂带的发育情况,划分出13个五级构造单元,即威宁穹盆构造变形区、六盘水北西向褶断带、织金穹盆构造变形区、毕节弧形褶皱带、凤冈南北向隔槽式褶皱变形区、赤水平缓褶皱变形区、兴义穹盆构造变形区、册亨东西向紧闭褶皱变形区、望谟北西向褶断带、都匀南北向

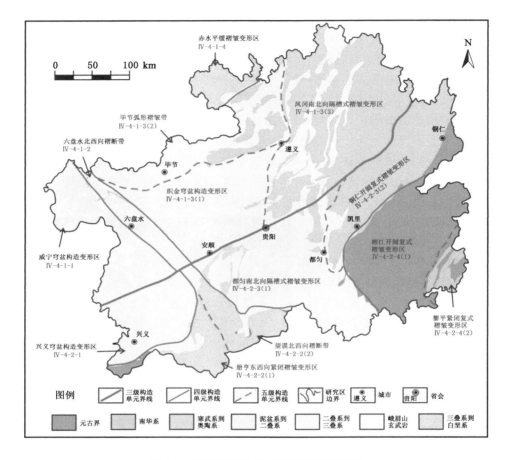

图 1-1 贵州省构造单元分区和地层分布

隔槽式褶皱变形区、铜仁开阔复式褶皱变形区、榕江开阔复式褶皱变形区、黎平紧闭复式褶皱变形区（戴传固 等,2013b;贵州省地质调查院,2017）。

1.1.4 褶皱断层发育特征

研究区内褶皱、断裂构造非常发育。褶皱整体上以北东向或北北东向展布为主,南北向、东西向、北西向褶皱和断裂也有发育。褶皱类型以隔槽式褶皱为主,向斜狭窄紧闭呈紧密槽状,背斜宽阔舒缓呈箱状。但也可以见到隔挡式褶皱（遵义-南川断裂以西,极少地发育于四川盆地附近）。断裂具有多组断裂体系,包含北东向、北北东向、南北向、北西向、东西向 5 组断裂,相互切割、联合。断层倾角一般较大,大多为 $50°\sim80°$（图 1-2）,有的断面直立,甚至发生倒转。有学者认为断裂主要形成期或复活活动期是燕山运动时期,以叠瓦状、对冲与背冲组合为特征(部分断裂在喜马拉雅构造运动期也有不同程度的活动,表现为地震、温泉)。从整个黔北地区构造变形特征来看,该区以挤压变形为主,兼有走滑的性质。

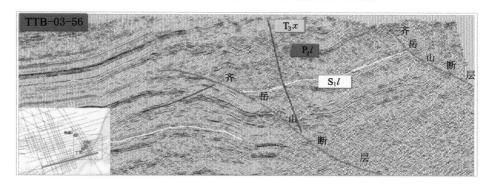

图 1-2　研究区丁山区块地震测线解释剖面图

1.2　沉积演化

1.2.1　区域沉积盆地演化

沉积盆地演化与构造演化密切相关(图 1-3)。贵州在武陵构造旋回期只涉及梵净山群和四堡群,喜马拉雅-新构造旋回期均为山间断陷盆地,由于其控制和影响范围有限,并未形成具有页岩气资源潜力的成套规模的富有机质页岩层系(朱立军 等,2019)。

雪峰-加里东构造旋回期的时代为新元古代～早古生代,是继武陵运动之后南华裂谷海槽形成、发展和消亡的演化历程。产出于桂北丹洲群的超基性、基性岩组合与黔东南从江地区产出的超基性、基性岩组合代表了南华裂谷海槽洋壳的存在,其演化具有洋陆转换性质,经历了离散背景下的裂谷盆地演化阶段、汇聚背景下的被动大陆边缘演化阶段、碰撞背景下的前陆盆地演化阶段和造山背景下的磨拉石盆地演化阶段(戴传固 等,2013b)。

在海西-印支-燕山构造旋回期,贵州地处华南板块西南部,已进入陆内裂陷演化发展阶段,沉积格局出现重大变化,由之前的北东向转变为北东、北西向,反映出其发展演化历史同时受控于东、西两侧。黔东地区主要受江南复合造山带钦杭带晚古生代钦防海槽发展演化的远程影响,黔西地区主要受特提斯域哀牢山构造带发展演化的远程影响。该地区从泥盆纪到早白垩世,经历了从裂谷盆

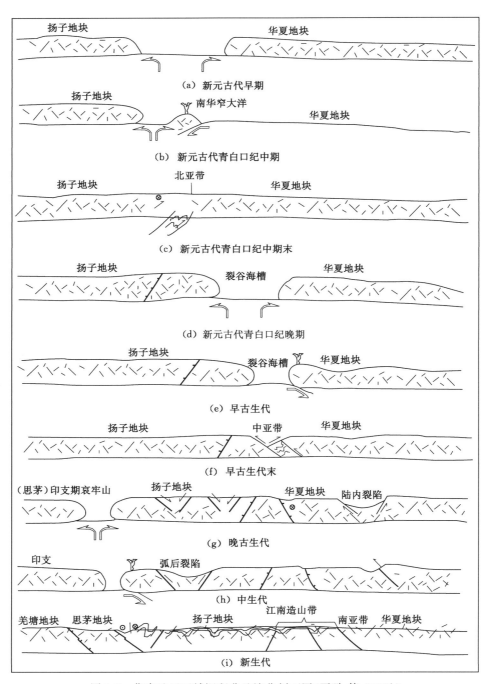

图 1-3 华南地区区域沉积盆地演化剖面图(夏鹏 等,2018b)

地至前陆盆地的演化历程(刘宝珺 等,1993)。

1.2.2 岩相古地理

根据冯增昭等(1993;2001)的研究认识,贵州地史时期的岩相古地理轮廓及其变迁,大致表现为以下过程:

① 新元古代～中奥陶世,贵州境内主要为海洋,是贵州地史上最广泛的海相沉积时期,发育多套厚层碳酸盐岩。

② 晚奥陶世～晚三叠世早期,贵州境内的海水进退频繁,是贵州海域转化为陆地的主要演变时期,其中自晚古生代起,逐渐转化为特提斯海域的一部分。

③ 晚三叠世晚期至今,晚三叠世晚期海水全部退出贵州,完成贵州由海洋向陆地的转化,之后以陆内河、湖泊为主要沉积体系,发育大量河流相、湖泊相沉积。

1.3 地层发育

1.3.1 区域地层发育

贵州地层发育齐全,自新元古界至第四系均有出露,其中震旦纪至三叠纪海相地层层序连续性较好,其间多为整合接触。

贵州地层属全国地层区划的羌塘-扬子-华南地层大区中的扬子地层区,区内大面积出露的地层主要有寒武系、奥陶系、志留系、泥盆系、石炭系、二叠系及三叠系(图 1-1)。其中,北部地区(大致在瓮安—赫章一线以北)以古生代地层分布广为主要特征,中生代、新生代地层小范围分布于向斜核部及北缘地带(四川盆地南部边缘),其间除缺失泥盆系、石炭系绝大部分地层外,其余地层均有所发育;东部地区(大致在印江—瓮安—三都一线以东地区)以前震旦系广泛分布为主要特征,雪峰隆起西侧震旦系、寒武系分布较广,隆起区震旦系、寒武系及二叠系有零星分布。该区域普遍缺失泥盆系、石炭系、志留系以及二叠系以上地层,地层发育不全。南部地区(大致指盘州—关岭—贵阳—贵定—三都一线以南地区)以晚古生代及中生代地层广泛分布为主要特征,其中晚古生代～三叠纪地层发育齐全,普遍缺失奥陶系、志留系。西部地区(大致指盘州—普定—赫章一线以西地区),以石炭系、二叠系、三叠系广泛分布为主要特征,其间除普遍缺失奥陶系、志留系外,其余地层发育较齐全;中部地区(指黔中隆起区,大致分布于织金—贵阳—瓮安等地区)以二叠系、三叠系广泛分布为主要特征,部分背斜核部出露有南华系、震旦系及寒武系,局部向斜有侏罗系分布。贵州显生宙地层系统详见图 1-4。

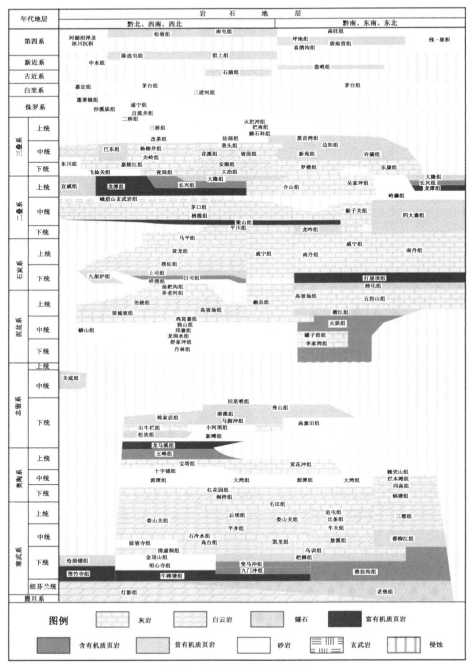

图 1-4　贵州显生宙地层系统

1.3.2 潜质页岩层系

贵州地层中发育多套富有机质页岩层系,是我国南方地区页岩气目标层系发育多、资源潜力大、最具研究价值的地区之一。省内有机质泥页岩主要发育于震旦系、寒武系、奥陶系、志留系、泥盆系、石炭系和二叠系等地层中。其中,以寒武系、志留系、石炭系、二叠系发育较集中,分布较广泛;震旦系、泥盆系局部发育,分布范围较局限;南华系及三叠系仅在局部地区发育,且呈零星分布。南华系有机质泥页岩发育于铜仁地区富绿组、从江地区乌叶组中,已遭受浅变质;三叠系有机质泥页岩发育于黔西南地区火把冲组中,分布范围小,不具页岩气勘探评价潜力(杨瑞东 等,2012;李希建,2020)。

贵州潜质页岩主要包括下寒武统牛蹄塘组、下志留统龙马溪组、下石炭统打屋坝组、下二叠统梁山组和上二叠统龙潭组(图 1-4),其中牛蹄塘组、龙马溪组、打屋坝组属于海相页岩,梁山组和龙潭组属于海陆过渡相页岩。这 5 套潜质页岩中,牛蹄塘组和龙潭组页岩不仅有机质丰度高且分布范围广,页岩气资源量相比其他 3 套页岩更为丰富(Mou et al.,2024)。龙马溪组、打屋坝组、梁山组分布较局限,龙马溪组主要分布在遵义北部的向斜带内,打屋坝组主要分布在紫云—垭都裂陷槽;梁山组尽管分布较广,但 TOC 含量相对较低。因此,本书以牛蹄塘组和龙潭组为主要对象,分别代表贵州海相页岩和海陆过渡相页岩,从页岩发育特征、地球化学特征、储层物性等方面进行分析,揭示潜质页岩含气性及其影响因素。

第2章　潜质页岩发育特征及资源潜力

　　贵州发育牛蹄塘组、龙马溪组、打屋坝组、梁山组和龙潭组等多套富有机质页岩,沉积环境主要包括海相(如牛蹄塘组、龙马溪组和打屋坝组)和海陆过渡相(如梁山组和龙潭组)。本章以有机质丰度高、空间分布相对较稳定的牛蹄塘组页岩作为海相潜质页岩代表,以龙潭组页岩作为海陆过渡相潜质页岩代表,介绍两套潜质页岩的沉积环境、岩相、厚度、埋藏深度和资源潜力等特征,为不同环境页岩储层性质评价奠定基础。

2.1　海相潜质页岩发育特征及资源潜力

2.1.1　沉积环境及岩相特征

　　早寒武世贵州古地理格局是在晚震旦世的基础上进一步发展而成的。早寒武世初期,扬子地块和华夏地块之间存在一片开阔的海洋,在此期间,贵州区域出现了隆起、滨海、浅水陆棚、深水陆棚、斜坡和深水盆地,水体自北西向南东逐渐变深(图 2-1)(Yeasmin et al.,2017;Li et al.,2020)。其中,滨海仅分布在威宁及其以西地区,对应地层为下寒武统筇竹寺组,岩性以砂岩、粉砂岩为主,夹少量泥岩,与牛蹄塘组属于同时异相沉积;深水盆地主要分布在剑河—天柱一线以东地区,对应地层为九门冲组,岩性以硅质岩、泥晶灰岩为主,夹少量页岩,与牛蹄塘组为同时异相沉积(戴传固 等,2013b)。牛蹄塘组沉积环境主要为浅水陆棚、深水陆棚和斜坡,主要岩性为黑色富有机质页岩、泥岩、泥质粉砂岩、粉砂质泥岩等。

　　滨海相:主要分布于威宁地区,相比晚震旦世,滨海范围有所缩小,岩性主要为一套粉砂岩,相比晚震旦世,浅水陆棚范围有所扩大。

　　浅水陆棚相:占据了贵州大部分地区,岩性主要为灰～浅灰色粉砂岩、粉砂质泥岩、泥岩组合,砂纹层理、砂岩条纹较发育,具一定的有机质含量。

　　深水陆棚相:分布范围明显缩小,主要分布于册亨—湄潭一线以东、独山—松桃一线以西地区,岩性主要为含粉砂质页岩、粉砂质泥岩、碳质页岩等。

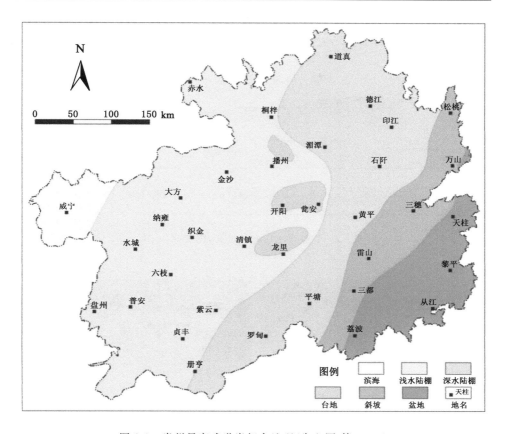

图 2-1 贵州早寒武世岩相古地理(朱立军 等,2019)

斜坡相:主要分布于石阡—都匀一线以东、荔波—天柱一线以西地区,为黔东—黔东南牛蹄塘组潜质页岩发育区,岩性主要为黑色碳质页岩,地层中黄铁矿颗粒及团块较发育。

深水盆地相:主要分布于荔波—天柱一线以东的地区,地层沉积厚度小,岩性以硅质岩、硅质页岩、钙质页岩等为主,硅质成分含量较高。

牛蹄塘组潜质页岩沉积阶段之前,上升流和热液活动带来了大量的 P、Si 等营养元素(图 2-2),导致水体中细菌和藻类大量繁殖(Wei et al.,2012;Yeasmin et al.,2017;Tan et al.,2021),牛蹄塘组富有机质页岩中发育的磷矿(图 2-3)、富磷岩石、燧石和富硅岩石证明了这一过程(Valetich et al.,2022;Zhang et al.,2022)。生物的大量繁殖使得有机质生产力得到很大提高,产生大量有机质,由于上升流和热液主要是沿斜坡断裂带上涌,因此斜坡及其邻近的深水陆棚和盆地具有更高的古生产力(Xia et al.,2022)。水生生物的大量繁殖引起海洋富营养化,有机质降解消耗氧气,海水逐渐缺氧[图 2-4(a)],有利于有机质的保存。同时,相对较局限的水体环境[图 2-4(b)]也是导致海水缺氧的因素之一。

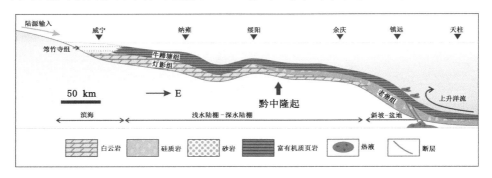

图 2-2　牛蹄塘组富有机质页岩沉积模式图

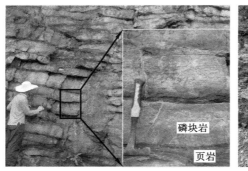

（a）页岩中的磷块岩（织金）

（b）页岩中的火山灰和硅质岩（松林）

（c）灯影组和牛蹄塘组不整合接触关系

（d）页岩中的硅质岩（三穗）

图 2-3　牛蹄塘组及其邻近地层野外照片

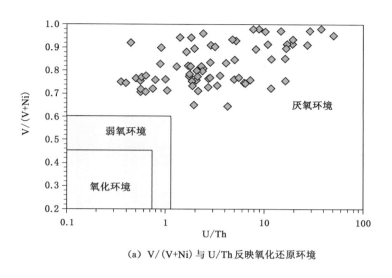

（a）V/（V+Ni）与 U/Th 反映氧化还原环境

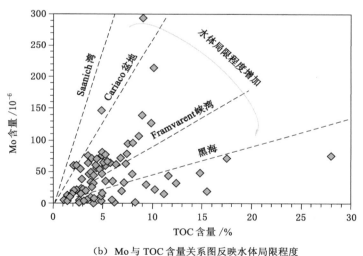

（b）Mo 与 TOC 含量关系图反映水体局限程度

图 2-4　牛蹄塘组页岩古环境特征

　　在收集贵州牛蹄塘组潜质页岩全矿物组成定量分析数据的基础上（表 2-1），采用以长英质矿物、碳酸盐矿物和黏土矿物为三端元的图解法进行两级岩石命名分区，共划分出 4 个页岩相组和 12 个页岩相（表 2-2）。

表 2-1 贵州牛蹄塘组潜质页岩平均矿物成分统计表

(罗超,2014;Zhang et al.,2015;Li et al.,2017;Wu et al.,2017a;Wu et al.,2017b;Xia et al.,2017;
朱立军 等,2019;曾维特 等,2019;Liu et al.,2019)

样品点位置	样品点名称	矿物组成/%					
		石英	长石	方解石	白云石	黄铁矿	黏土矿物
毕节市金沙县	金页1井	35.3	5.5	6.6	0	3.6	48.7
毕节市金沙县	岩孔箐口	14.0	18.0	0	0	0	68.0
毕节市织金县	织金桂果	51.0	1.0	7.0	2.0	1.0	38.0
贵阳市观山湖区	观山湖区百花湖	42.0	22.0	0	5.0	6.0	25.0
贵阳市开阳县	贵阳龙水	66.0	1.0	0	0	0	30.0
贵阳市开阳县	开阳芭蕉寨	60.0	2.0	1.0	0	0	37.0
贵阳市开阳县	开阳磷矿	54.0	1.0	0	0	0	45.0
贵阳市开阳县	开阳双流	57.0	5.0	0	0	0	38.0
贵阳市清镇市	清镇温水村	42.0	22.0	0	5.0	6.0	25.0
贵阳市开阳县	翁昭中院	51.0	1.0	0	5.0	4.0	39.0
黔东南州岑巩县	天星1井	54.4	8.9	2.2	7.9	8.7	17.8
黔东南州丹寨县	丹寨翻仰	54.0	9.0	0	1.0	0	36.0
黔东南州丹寨县	丹寨南皋	57.5	5.8	1.7	0	1.2	31.6
黔东南州黄平县	黄页1井	52.2	17.8	6.3	5.5	0.3	17.9
黔东南州凯里市	凯里剖面	54.0	0	0	0	0	41.0
黔东南州凯里市	凯里下司	59.0	4.0	0	0	0	32.0
黔东南州麻江县	麻江剖面	62.0	4.0	2.0	3.0	0	25.0
黔东南州台江县	台江九龙山	47.0	12.5	0	0	1.5	39.0
黔东南州镇远县	镇远剖面	44.0	0	2.0	13.0	5.0	33.0
黔东南州镇远县	镇远都坪	52.0	8.0	4.0	4.5	3.5	27.0
黔东南州镇远县	镇远火车站	58.0	15.0	0	11.0	5.0	11.0
黔东南州镇远县	镇远江古	71.0	14.0	0	5.0	0	10.0
黔东南州镇远县	镇远清溪	57.0	13.0	0	0	9.0	21.0
黔东南州镇远县	镇远五里坡	46.0	8.0	16.0	0	3.0	27.0
黔南州惠水县	惠水孟寨	48.0	15.0	0	0	0	37.0
黔南州荔波县	荔波洞独	63.0	3.0	0	0	0	34.0
黔南州三都县	三都剖面	55.0	0	4.0	0	0	36.0
黔南州三都县	三都水碾	65.0	3.5	0	0.5	0	31.0

表 2-1(续)

样品点位置	样品点名称	矿物组成/%					
		石英	长石	方解石	白云石	黄铁矿	黏土矿物
黔南州瓮公县	瓮安剖面	62.0	0	1.5	0	0.5	36.0
黔南州瓮公县	瓮安庙湾	45.0	7.0	0	0	0	48.0
黔南州瓮安县	瓮安小河山	53.0	14.0	0	0	0	33.0
黔南州瓮安县	瓮安永和	63.0	2.0	0	2.0	0	33.0
铜仁市江口县	江口桃映	58.0	10.0	0	0	10.0	22.0
铜仁市石阡县	石阡中坝	49.0	5.0	11.0	0	0	35.0
铜仁市松桃倒	松桃剖面	60.0	1.0	5.0	0	3.0	30.0
铜仁市松桃县	松桃林朝沟	60.0	6.0	0	0	0	34.0
铜仁市松桃县	松桃牛郎	49.0	16.0	0	0	0	35.0
铜仁市松桃县	松桃世昌	34.0	0	5.0	48.0	5.0	8.0
铜仁市沿河县	沿河夹石	43.0	5.0	0	0	0	52.0
铜仁市印江县	印江石梁	52.0	12.0	0	0	0	36.0
铜仁市碧江区	碧江剖面	66.1	6.0	0.6	9.0	1.2	17.1
铜仁市湄潭县	湄潭剖面	50.0	0	5.0	6.0	0	32.0
遵义市仁怀市	仁页1井	54.8	6.0	3.5	1.8	3.3	30.0
遵义市汇川区	松林大巴	42.0	4.0	0	22.0	6.0	26.0
遵义市余庆县	余庆小腮	71.0	6.0	0	0	0	23.0
遵义市红花岗区	遵义剖面	44.0	0	6.0	1.0	0	49.0
遵义市红花岗区	遵义金顶山	56.0	6.0	0	6.0	0	32.0
遵义市汇川区	遵义毛石	56.0	2.0	0	0	0	42.0
遵义市汇川区	松林剖面	46.0	6.0	0	0	0	48.0
遵义市冈县	凤参1井	40.5	23.6	6.9	3.0	4.0	19.6
遵义市正安县	正页1井	42.5	29.6	4.2	4.0	5.1	13.3

表 2-2　页岩岩相类型划分方案

岩相组	岩相	矿物组成/%		
		石英＋长石	方解石＋白云石	黏土矿物
硅质页岩相组（Ⅰ）	硅质页岩相（$Ⅰ_1$）	>50	<25	<25
	富黏土硅质页岩相（$Ⅰ_2$）	>50	<25	25~50
	富钙硅质页岩相（$Ⅰ_3$）	>50	25~50	<25

表 2-2(续)

岩相组	岩相	矿物组成/%		
		石英＋长石	方解石＋白云石	黏土矿物
钙质页岩相组(Ⅱ)	钙质页岩相(Ⅱ₁)	<25	>50	<25
	富硅钙质页岩相(Ⅱ₂)	25～50	>50	<25
	富黏土钙质页岩相(Ⅱ₃)	<25	>50	25～50
黏土质页岩相组(Ⅲ)	黏土质页岩相(Ⅲ₁)	<25	<25	>50
	富硅黏土页岩相(Ⅲ₂)	25～50	<25	>50
	富钙黏页岩土质相(Ⅲ₃)	<25	25～50	>50
混合页岩相组(Ⅳ)	黏土/硅混合页岩相(Ⅳ₁)	25～50	<33	25～50
	硅/钙混合页岩相(Ⅳ₂)	25～50	25～50	<33
	钙/黏土混合页岩相(Ⅳ₃)	<33	25～50	25～50

在页岩相组划分中,以传统岩石学命名方法为依据,并参照川南五峰组～龙马溪组页岩岩相划分标准(王玉满 等,2016;宁诗坦 等,2021),以矿物含量50%为界确定页岩相组类型,划分出硅质页岩相组(Ⅰ)、钙质页岩相组(Ⅱ)、黏土质页岩相组(Ⅲ)和混合页岩相组(Ⅳ)[图2-5(a)]。在相组划分的基础上,针对硅质页岩相组、钙质页岩相组和黏土质页岩相组,以矿物含量25%为界划分页岩岩相类型,含量为25%～50%的矿物确定为"富××",并将其作为主名前缀;针对混合页岩相组,以相组三角形各边界中点向三角形的中心点连线划分出3个岩相,每种岩相中都有两类矿物组分之和大于67%,并以这两类矿物作为前缀命名"××/××混合页岩"。根据该划分原则,将硅质页岩相组(Ⅰ)细分为硅质页岩相(Ⅰ₁)、富黏土硅质页岩相(Ⅰ₂)、富钙硅质页岩相(Ⅰ₃);将钙质页岩相组(Ⅱ)细分为钙质页岩相(Ⅱ₁)、富硅钙质页岩相(Ⅱ₂)、富黏土钙质页岩相(Ⅱ₃);黏土质页岩相组(Ⅲ)细分为黏土质页岩相(Ⅲ₁)、富硅黏土页岩相(Ⅲ₂)、富钙黏土质页岩相(Ⅲ₃);将混合页岩相组(Ⅳ)细分为黏土/硅混合页岩相(Ⅳ₁)、硅/钙混合页岩相(Ⅳ₂)、钙/黏土混合页岩相(Ⅳ₃)[图2-5(b)]。

采用上述岩相划分方案,将贵州牛蹄塘组潜质页岩平均矿物组成数据(表2-1)投点到图2-5中。结果表明,该潜质页岩以硅质页岩和富黏土硅质页岩为主,此外还有少量富硅钙质页岩、富硅黏土质页岩和黏土/硅混合页岩。富黏土硅质页岩、硅质页岩、富硅黏土质页岩、黏土/硅混合页岩和富硅钙质页岩占比依次为66.67%、19.61%、5.88%、5.88%和1.96%。

贵州牛蹄塘组潜质页岩岩相平面分布如图2-6所示,富黏土硅质页岩在贵州大部分地区均有分布,硅质页岩主要分布在黔东北地区,富硅黏土质页岩、黏

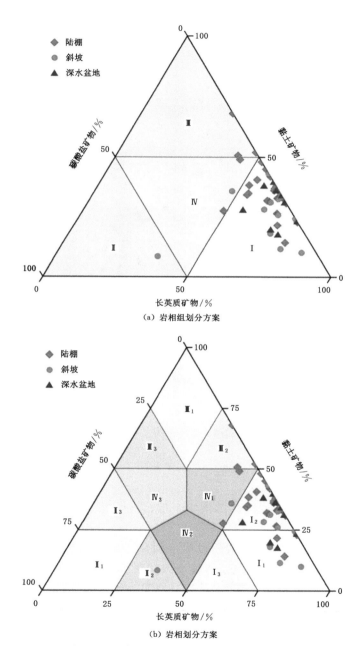

(a) 岩相组划分方案

(b) 岩相划分方案

图 2-5　牛蹄塘组页岩全岩矿物岩相划分方案

(罗超,2014;Zhang et al.,2015;Li et al.,2017;Wu et al.,2017a;Wu et al.,2017b;Xia et al.,2017;朱立军 等,2019;曾维特 等,2019;Liu et al.,2019)

土/硅混合页岩在黔西北和黔北地区零星分布,仅一个样品为富硅钙质页岩,分布在黔东北地区松桃县。

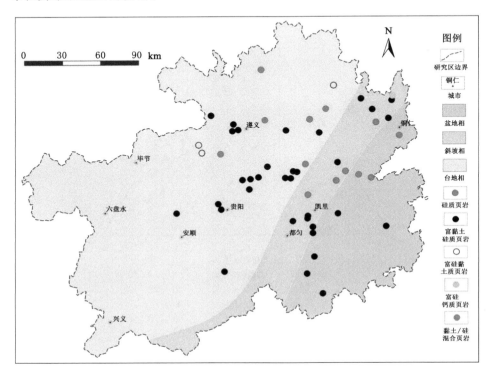

图 2-6　牛蹄塘组页岩不同类型岩相平面分布

2.1.2　厚度分布

牛蹄塘组潜质页岩段位于牛蹄塘组下部,岩性主要为灰黑~黑色含粉砂碳质泥岩。

牛蹄塘组总厚度及其潜质页岩段厚度明显受沉积相带展布控制。西边雷波—镇雄—金沙一带,牛蹄塘组总厚度为 180~450 m,潜质页岩厚度为 37~100 m。绥阳—正安—德江一带,牛蹄塘组厚度达到 700~900 m,潜质页岩厚度为 90~120 m。德江以东的地区,进入斜坡及深水盆地相区,牛蹄塘组及其潜质页岩厚度均明显减小,潜质页岩厚度仅 20~40 m。此外,牛蹄塘组总厚度及其潜质页岩段厚度还受基底构造影响(贵州省地质调查院,2017)。例如,播州—开阳—瓮安—贵阳—龙里一带为陆棚水下高地(图 2-1),牛蹄塘组总厚度仅 80~130 m,潜质页岩厚度为 40~70 m,明显小于其东西两侧相同地层的厚度。

在充分收集实测剖面、钻孔、页岩气调查井资料及前人研究成果的基础上，绘制了贵州牛蹄塘组潜质页岩厚度等值线图(图 2-7)。如图 2-7 所示,贵州牛蹄塘组潜质页岩厚度为 0～120 m(黔西南地区无相关露头及钻井资料),明显受沉积相带展布控制。其中,黔东南地区麻江区块牛蹄塘组潜质页岩厚度最大,约为 120 m。

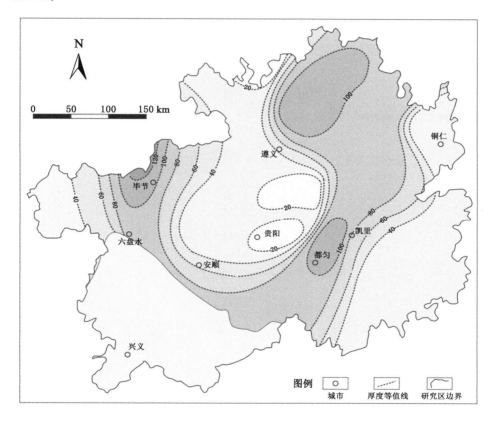

图 2-7　贵州牛蹄塘组潜质页岩厚度等值线图

2.1.3　埋藏深度

贵州牛蹄塘组潜质页岩埋藏深度受构造分布的影响,整体上背斜部位埋藏浅、向斜部位埋藏深。剥蚀区主要分布在黔东南雪峰山隆起区和黔东北地区南部,大致沿梵净山西缘—石阡—瓮安一线以东,在黔北、黔西北和黔南地区可见牛蹄塘组潜质页岩露头(图 2-3)。

贵州牛蹄塘组潜质页岩底界埋藏深度等值线图如图2-8所示,该潜质页岩埋藏深度自东向西逐渐增大。在大方—金沙—安顺一线以西地区,牛蹄塘组底界埋藏深度较大,整体埋藏深度均在4 000 m以深,其中在黔南罗甸、紫云一带和习水地区埋藏深度最大,最大埋藏深度可超过9 900 m。向东埋藏深度逐渐变小,在凯里—镇远—松桃一线以东,该潜质页岩底界平均埋藏深度不足1 000 m。

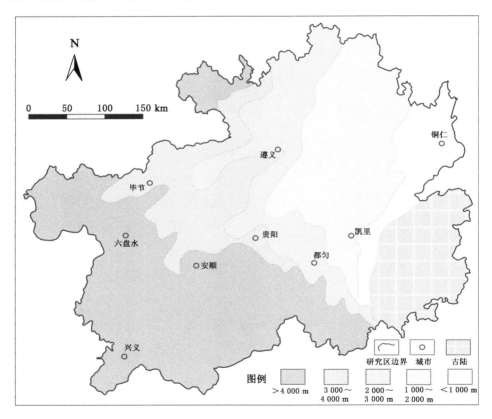

图 2-8　贵州牛蹄塘组潜质页岩底界埋藏深度等值线图

牛蹄塘组潜质页岩底界埋藏深度分布与北东-南西向主体构造带具有很好的耦合性(罗超,2014;Mou et al.,2024)。黔北地区中北部各主要背斜埋藏深度不同,其中黄鱼江—老铺场复背斜、金鸡岭复背斜、新洲复背斜、峰岩复背斜埋藏深度以1 500～3 000 m为主,谢坝复背斜、湄潭复背斜埋藏深度普遍浅于1 500 m。东部各剥蚀区边缘,埋藏深度变化很大,为100～2 000 m。向斜区内地表多出露二叠系～三叠系,牛蹄塘组埋深可达3 000 m以深。

2.1.4　页岩气资源潜力

贵州省原国土资源厅(2018 年改组为自然资源厅)开展了全省范围内的页岩气资源评价,结果显示全省下寒武统牛蹄塘组潜质页岩有利区页岩气地质总资源量为 35 493.22×10^8 m³,总可采资源量为 6 388.78×10^8 m³,包括黔南、黔北、黔西北等有利区。其中,黔南有利区页岩气地质资源量为 3 407.20×10^8 m³,占牛蹄塘组有利区页岩气地质总资源量的 9.6%*,可采资源量为 613.30×10^8 m³;黔北有利区地质资源量为 24 355.50×10^8 m³,占牛蹄塘组有利区页岩气地质总资源量的 68.6%,可采资源量为 4 383.99×10^8 m³;黔西北有利区页岩气地质资源量为 7 730.52×10^8 m³,占牛蹄塘组有利区页岩气地质总资源量的 21.8%,可采资源量为 1 391.49×10^8 m³(图 2-9)。

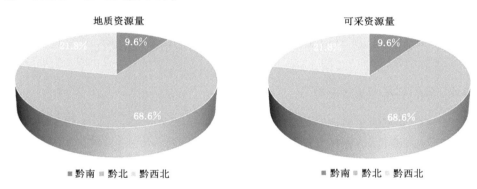

图 2-9　贵州牛蹄塘组潜质页岩有利区页岩气资源量占比

(数据来自贵州省自然资源厅)

黔南麻江—黄平有利区页岩气地质资源量为 2 805.10×10^8 m³,占黔南牛蹄塘组有利区页岩气地质总资源量的 82.3%,可采资源量为 504.92×10^8 m³;福泉有利区页岩气地质资源量 350.71×10^8 m³,占黔南牛蹄塘组有利区页岩气地质总资源量的 10.3%,可采资源量为 63.13×10^8 m³;谷洞有利区页岩气地质资源量为 251.39×10^8 m³,占黔南牛蹄塘组有利区页岩气地质总资源量的 7.4%,可采资源量为 45.25×10^8 m³。

黔北绥阳蒲场有利区页岩气地质资源量为 3 408.76×10^8 m³,占黔北牛蹄塘组有利区页岩气地质总资源量的 14.00%,可采资源量为 613.58×10^8 m³;正安谢

---

*　本书部分数据占比为修约数据。

坝有利区页岩气地质资源量为 6 370.73×10^8 m^3,占黔北牛蹄塘组有利区页岩气地质总资源量的 26.16%,可采资源量为 1146.73×10^8 m^3;岑巩天马有利区页岩气地质资源量为 3 554.67×10^8 m^3,占黔北牛蹄塘组有利区页岩气地质总资源量的 14.60%,可采资源量为 639.84×10^8 m^3;镇远羊场有利区页岩气地质资源量 1 595.31×10^8 m^3,占黔北牛蹄塘组有利区页岩气地质总资源量的 6.55%,可采资源量为 287.16×10^8 m^3;德江沙溪有利区页岩气地质资源量为 1 660.23×10^8 m^3,占黔北牛蹄塘组有利区页岩气地质总资源量的 6.82%,可采资源量为 298.84×10^8 m^3;沿河茅天有利区页岩气地质资源量为 1 306.65×10^8 m^3,占黔北牛蹄塘组有利区页岩气地质总资源量的 5.36%,可采资源量为 235.20×10^8 m^3;凤冈蜂岩有利区页岩气地质资源量为 6 459.15×10^8 m^3,占黔北牛蹄塘组有利区页岩气地质总资源量的 26.52%,可采资源量为 1 162.65×10^8 m^3。

2.2 海陆过渡相潜质页岩发育特征及资源潜力

2.2.1 沉积环境及岩相特征

中二叠世末的东吴运动使上扬子大部分地区抬升成陆,经历了较长时期的剥蚀,至晚二叠世,该地区发生新一期的基底沉降,海水侵入,形成了晚二叠世的含煤岩系。由于康滇裂谷带在中二叠世末的复活,康滇古陆抬升,形成上扬子盆地西高东低的整体格局,该古陆为西南地区晚二叠世主要的陆源供给区,决定了由西向东由陆到海的古地理格局,并控制着沉积体系的总体配置关系(马永生等,2009)。晚二叠世,上扬子地区地势西高东低,海水自北东、东、南三个方向朝西侵入,区内沉积环境自西向东依次为冲积平原-河流沉积体系、三角洲沉积体系、潟湖-潮坪沉积体系、碳酸盐岩台地沉积体系(郑和荣 等,2010;邵龙义 等,2013)。其中,三角洲沉积体系和潟湖-潮坪沉积体系是主要成煤环境和富有机质页岩沉积环境,主要分布在滇东—黔西地区(高彩霞,2015)(图 2-10)。

贵州中上二叠统划分为三个组,自下而上分别是卡匹敦阶峨眉山玄武岩组(或茅口组)、吴家坪阶龙潭组(或宣威组下段、吴家坪组)和长兴阶长兴组(或宣威组上段、汪家寨组)(图 1-4,图 2-11)(贵州省地质调查院,2017)。其中,峨眉山玄武岩组主要分布在织金以西(图 2-12),向东逐渐尖灭,岩性以玄武岩、火山角砾岩和凝灰岩为主,局部地区发育海相碳酸盐岩夹层(Wang et al.,2020)。龙潭组不整合于峨眉山玄武岩组(或茅口组)风化面之上,是贵州最重要的含煤和富有机质页岩的地层,也是省内煤层气、页岩气勘探开发的重要目标层位,向东

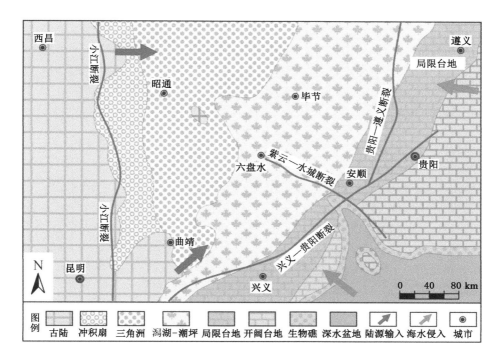

图 2-10 贵州及邻区晚二叠世龙潭期岩相古地理

部逐渐过渡为岩性以石灰岩为主的吴家坪组相区(秦勇 等,2012;Zhao et al.,2021)。长兴组整合于龙潭组之上,基本继承了龙潭组古地理格局,上覆地层为下三叠统飞仙关组(邵龙义 等,2021)。

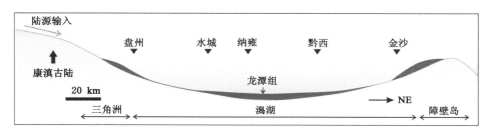

图 2-11 龙潭组页岩沉积模式图

贵州吴家坪阶具有由西向东、由陆到海的沉积格局,物源区主要为西侧的康滇古陆(图 2-11)。陆相沉积仅分布于毕节威宁,沉积地层为宣威组(图 2-13),属于冲积扇或河流相沉积,与下伏峨眉山玄武岩组呈不整合接触。威宁以东、遵

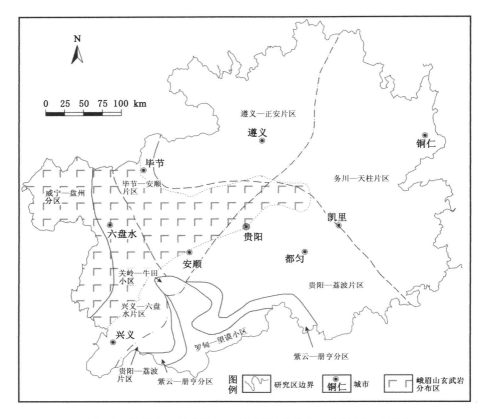

图 2-12　贵州上二叠统地层区划略图(贵州省地质调查院,2017)

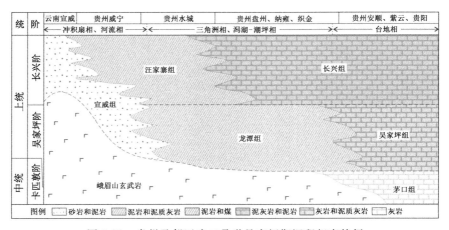

图 2-13　贵州及邻区晚二叠世吴家坪期沉积相变特征

义—贵阳—安龙一线以西的贵州发育海陆过渡相沉积,包括三角洲沉积体系和潟湖-潮坪沉积体系,沉积地层为龙潭组;遵义—贵阳—安龙一线以东的贵州主要为海相沉积,属于碳酸盐台地沉积环境,对应地层为吴家坪组或合山组(Wang et al.,2020;Lou et al.,2022;娄毅,2023)。海陆过渡相组三角洲、潟湖-潮坪是贵州这一时期主要的富有机质页岩沉积环境,主要分布于贵州六盘水、毕节等地区,冲积扇、河流、碳酸盐潮坪等环境也可沉积富有机质页岩,但发育规模小,页岩厚度小、稳定性差,且有机质丰度相对较低。

　　湖沼相主要分布于威宁以东与毕节—六盘水一线,岩性为泥质粉砂岩、粉砂岩、粉砂质泥岩和煤层。煤层中含少量植物茎化石及碎屑,夹瘤状菱铁矿,局部富集瓣腮,见水平、垂直虫孔及波状层理。

　　潟湖-潮坪相主要分布于毕节—六盘水一线以东至遵义—安顺一线以西,呈南北相展布。岩性以泥岩、粉砂质泥岩为主,夹粉砂岩、泥质粉砂岩,含腕足类及鳃瓣类化石,产大量植物化石(图 2-14)。该段煤层厚度大,在黔西北地区煤层累厚平均达 24 m。

（a）富有机质页岩、薄层页岩与灰岩互层

（b）富有机质页岩、煤和灰岩

（c）植物碎片化石

（d）富有机质页岩、灰岩互层

图 2-14　龙潭组海陆过渡相页岩岩芯照片

陆棚相主要分布于遵义—安顺一线以东至凤冈—凯里一线以西,为浑水碎屑岩沉积。岩性以粉砂岩、粉砂质泥岩、泥岩为主,夹灰岩。层中含双壳、腕足类等广盐度生物,可见水平层理、斜层理及波状层理。在黔西南地区该相带中夹少量煤线,由西往东煤线层数逐渐减少、厚度逐渐变小。

开阔台地相主要分布于凤冈—凯里一线以东,为清水碳酸盐岩沉积。岩性主要为灰色泥晶灰岩、生物灰岩,含大量碎石结核,局部发育台内滩。

斜坡相分布范围较窄,岩性主要为泥灰岩与泥岩相间互层,灰岩以薄层为主,泥岩中有机质丰富。

盆地相主要分布在罗甸—册亨地区,岩性为硅质岩、泥岩,夹少量灰岩层。此外,在瓮安—都匀一线发育有台盆相,岩性主要为一套硅质岩,夹泥岩层。

贵州范围内龙潭组岩性以粉砂质黏土岩、钙质粉砂岩、碳质泥岩、页岩、泥灰岩为主,夹多层优质煤层。该组潜质页岩层呈区域性分布,主要分布于兴义—六盘水片区的雄武、兴仁、晴隆、曹家营、赫章一带以及毕节—安顺片区、遵义—正安片区的广大地域(贵州省地质调查院,2017)。威宁—赫章一带为河流相沉积,整个龙潭组均以河流相沉积为主,根据沉积特征可以分为龙潭组一段、龙潭组二段和龙潭组三段。龙潭组一段以粉砂岩、泥质粉砂岩及粉砂质泥岩为主,含少量细砂岩。其中粉砂岩呈灰色、灰黑色,中厚层状,具低角度交错层理,含大量泥质碎片,局部含煤层或煤线;泥质粉砂岩呈薄~中层状、块状,发育水平、砂纹状层理,含大量碳质碎屑与植物化石碎片;粉砂质泥岩呈灰~灰绿色,厚层块状,发育低角度斜交层理、水平层理、砂纹层理,见少量植物化石碎片,夹煤线,沉积微相上以泛滥平原、决口扇及泥潭沼泽为主。龙潭组二段以中~细砂岩、粉砂岩、泥质粉砂岩和粉砂质泥岩为主,整体砂质含量相比一段有所增加,河流作用增强,见板状、槽状交错层理、水平层理及小型波状层理,含植物化石碎片,沉积微相上见河道、天然堤、边滩及决口扇沉积。龙潭组三段岩性大部分为粉砂岩和泥质粉砂岩、细砂岩,夹少量煤层或煤线,见少量小型槽状交错层理等,沉积微相上见河道、边滩、决口扇及天然堤沉积。

龙潭组潜质页岩主要沉积在好氧至缺氧条件下(图 2-15),意味着该页岩中有机质的富集机制受初级生产力和陆源碎屑流的控制(孙全宏,2014;Wang et al.,2022)。晚二叠世,上扬子地台处于温暖湿润的古气候背景,植物繁盛,为有机质富集提供了丰富的原始物质基础(Zhao et al.,2021)。大量的植物使得这一时期区内有机质生产力较高,尽管部分有机质会遭受氧化分解,但仍有相当一部分有机质能够保存下来。

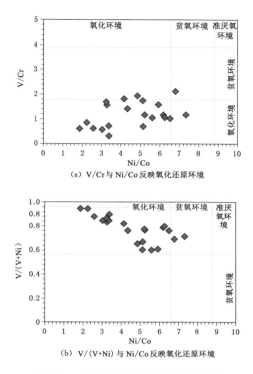

图 2-15　龙潭组潜质页岩古环境特征

　　在收集贵州龙潭组潜质页岩全矿物组成定量分析数据的基础上（表 2-3），采用以长英质矿物、碳酸盐矿物和黏土矿物为三端元的图解法进行两级岩石命名分区，划分方案见表 2-2。结果表明，该潜质页岩以黏土质页岩和富硅黏土质页岩为主，此外还有少量富黏土硅质页岩和黏土/硅混合页岩（图 2-16）。图 2-16 中 I 为硅质页岩相组；II 为钙质页岩相组；III 为黏土质页岩相组；IV 为混合页岩相组；I₁ 为硅质页岩相、I₂ 为富黏土硅质页岩相、I₃ 为富钙硅质页岩相；II₁ 为钙质页岩相、II₂ 为富硅钙质页岩相、II₃ 为富黏土钙质页岩相；III₁ 为黏土质页岩相、III₂ 为富硅黏土质页岩相、III₃ 为富钙黏土质页岩相；IV₁ 为黏土/硅混合页岩相、IV₂ 为硅/钙混合页岩相、IV₃ 为钙/黏土混合页岩相。从图中可以看出，龙潭组潜质页岩样品主要为黏土质页岩、富硅黏土质页岩、富黏土硅质页岩和黏土/硅混合页岩，占比分别为28.89%、57.78%、6.67%和 6.66%。值得注意的是，相比牛蹄塘组海相页岩，龙潭组海陆过渡相页岩中黏土矿物含量更高，长英质矿物含量更低，原因可能是龙潭组潜质页岩沉积阶段受陆源输入影响更大。

表 2-3 贵州龙潭组潜质页岩平均矿物成分统计表

（曹涛涛 等,2018;朱立军 等,2019;马啸,2021;Zhao et al.,2021）   单位:%

样品编号	石英	长石	方解石	白云石	黄铁矿	黏土矿物
S01	21.1	9.8	0	0	0	69.1
S02	30.9	0	0	0	0	66.3
S03	9.0	21.2	0	0	0	69.8
S04	25.1	5.5	0	0	0	69.4
S05	24.7	13.4	0	0	0	61.9
S06	26.9	15.9	0	0	0	55.7
S07	62.0	6.6	0	0	0	31.4
S08	28.4	16.5	0	0	0	55.1
S09	45.6	8.2	0	0	3	43.2
S10	22.0	22.3	0	0	0	52.4
S11	29.4	8.4	0	0	0	62.2
S12	21.3	6.4	0	0	0	70.8
S13	8.0	17.3	0	0	0	68.9
S14	22.5	5.7	0	0	0	71.8
S15	22.0	24.0	0	0	0	50.0
S16	21.9	9.2	0	0	0	68.9
S17	14.3	8.5	0	0	0	77.2
S18	17.0	17.0	0	0	1.0	65.0
S19	51.8	8.4	0	0	0	39.8
S20	18.3	6.8	0	0	0	74.9
S21	19.0	16.3	0	8.7	2.5	52.4
S22	24.1	17.1	0	8.4	2.9	44.0
S23	36.5	7.4	0	5.3	1.0	41.6
S24	16.7	8.4	2.0	5.0	5.6	62.0
S25	21.5	14.2	0	2.4	1.7	57.5
S26	24.0	11.0	0	6.0	2.0	53.0
S27	21.0	17.0	0	5.0	4.0	50.0
S28	17.0	0	0	0	4.0	79.0
S29	32.0	0	0	0	8.0	60.0
S30	13.0	0	2.0	0	0	83.0

表 2-3(续)

样品编号	石英	长石	方解石	白云石	黄铁矿	黏土矿物
S31	19.0	7.0	0	0	9.0	65.0
S32	20.0	2.0	1.0	0	0	75.0
S33	15.0	0	2.0	0	19.0	64.0
S34	30.0	0	16.0	5.0	6.0	41.0
S35	22.0	8.0	0	0	17.0	53.0
S36	25.0	8.0	0	5.0	3.0	55.0
S37	15.0	9.0	0	5.0	2.0	56.0
S38	33.0	8.0	0	4.0	6.0	49.0
S39	6.0	4.0	0	8.0	3.0	67.0
S40	17.0	11.0	0	2.0	4.0	62.0
S41	15.0	4.0	0	8.0	0	73.0
S42	11.0	8.0	0	5.0	6.0	68.0
S43	10.0	7.0	0	4.0	2.0	67.0
S44	19.0	8.0	9.0	4.0	10.0	50.0
S45	20.0	2.0	0	6.0	4.0	68.0

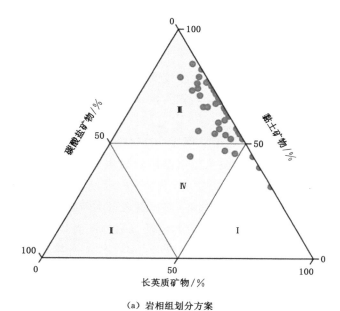

（a）岩相组划分方案

图 2-16　龙潭组页岩全岩矿物岩相划分方案

（曹涛涛 等,2018;朱立军 等,2019;马啸,2021;Zhao et al.,2021）

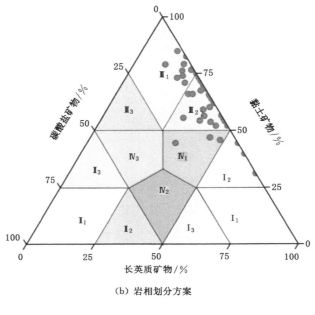

（b）岩相划分方案

图 2-16 （续）

2.2.2 厚度分布

贵州上二叠统龙潭组潜质页岩段厚度受晚二叠世岩相古地理类型控制,主要分布于黔西、黔西北地区(图 2-17),如六盘水和毕节,往东则相变为吴家坪组灰岩层(图 2-13)。

在黔西和黔西北地区,龙潭组总厚度为 134~322 m,其中潜质页岩段厚度为 0~55 m(图 2-17)。上二叠统龙潭组潜质页岩主要分布在普安、晴隆、紫云、仁怀一带,沉积厚度普遍大于 30 m。如图 2-17 所示,该潜质页岩的沉积中心主要有 3 个,第 1 个在西北部水城神仙坡,潜质页岩最大厚度达 54.4 m,分布范围较小;第 2 个在晴隆花贡、普安地瓜一带,潜质页岩厚度为 30.0~47.7 m,分布范围较大;第 3 个在仁怀地区,潜质页岩厚度为 30~53 m,分布范围介于前两个沉积中心的范围之间。局部地区存在剥蚀现象,如威宁西北部、水城、盘州西部、望谟东南部等地区。由沉积中心往西北部、南部地区,潜质页岩厚度逐渐变小。纵向上,龙潭组潜质页岩有数层,并常伴有煤层发育(Zhao et al.,2021)。

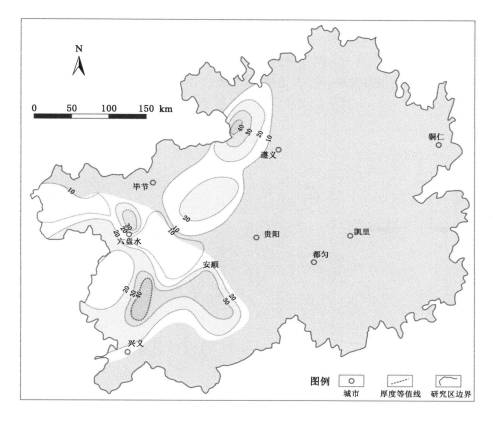

图 2-17　贵州龙潭组潜质页岩厚度等值线图

2.2.3　埋藏深度

　　龙潭组露头主要分布于黔西北、黔西南地区,黔北、黔南地区出露较少,雪峰山隆起区及周边无沉积。龙潭组的发育和分布基本继承了梁山组的格局,剥蚀区主要位于黔北、黔南的大部分地区。此外,在威宁西北、册亨局部区域缺失(朱立军 等,2019)。然而,受构造抬升的影响,龙潭组剥蚀区面积相比梁山组剥蚀区面积大。

　　与区域主体构造带展布方向一致,龙潭组的分布和埋藏深度亦沿着构造带呈北东-南西向展布,向斜核部埋藏最深,往背斜方向,其埋藏深度递减,直至剥蚀。局部地区(如黔西南东部),主要呈北西向条带状展布,表明该地区受紫云—水城同沉积断裂(断裂位置见图 2-10)的影响较显著。

　　图 2-18 为贵州龙潭组潜质页岩底界埋藏深度等值线图。从图中可以看出,

龙潭组潜质页岩在习水北西一带埋藏深度最大,埋藏深度可达 4 000 m 以上。此外,在水城、金沙、桐梓等地埋藏深度也较大,向斜核部埋藏深度可达 3 000 m以上,最大埋藏深度展布方向与向斜延伸方向一致,大致呈北东-南西向狭长状展布。在黔西南南部关岭、兴义、望谟、册亨等大片地区,龙潭组潜质页岩埋藏深度为 1 000~2 000 m,其他区域埋藏深度多小于 1 000 m。

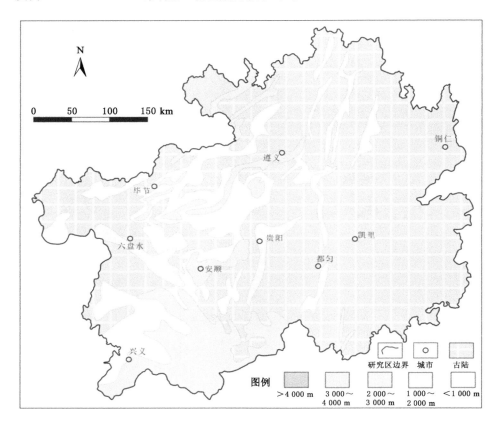

图 2-18　贵州龙潭组页岩底界埋藏深度等值线图

2.2.4　页岩气资源潜力

根据贵州省自然资源厅公布的数据,省内上二叠统龙潭组潜质页岩有利区页岩气地质总资源量为 17 265.16×10⁸ m³,总可采资源量为 3 107.73×10⁸ m³,主要分布在黔西南地区和黔西北地区。其中,黔西南地区龙潭组潜质页岩有利区页岩气地质资源量为 3 924.37×10⁸ m³,占龙潭组潜质页岩有利区页岩气地质总资源量的 22.7％(图 2-19),可采资源量为 706.39×10^8 m^3,占总可采资源量的 22.7％,区内页岩气主要分布在代化区块;黔西北地区龙潭组潜质页岩有利区页岩气地质资源量为 13 340.79$\times10^8$ m^3,占龙潭组潜质页岩有利区页岩气地质总资源量的 77.3％,可采资源量为 2 401.34$\times10^8$ m^3,占总可采资源量的 77.3％,黔西北龙潭组潜质页岩有利区主要位于黔西。

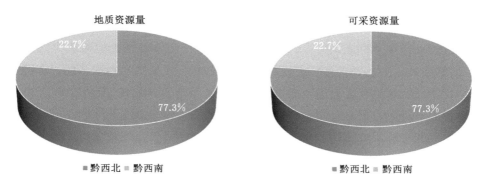

图 2-19　贵州龙潭组潜质页岩有利区页岩气资源量占比

(数据来自贵州省自然资源厅)

黔西南地区龙潭组潜质页岩有利区主要包括关岭岗乌—晴隆光照、普安地瓜—青山、兴仁巴铃—安龙龙山 3 个页岩气区块。其中,关岭岗乌—晴隆光照区块页岩气地质资源量为 2 160.60$\times10^8$ m^3,占黔西南地区龙潭组潜质页岩有利区页岩气地质总资源量的 55.1％,可采资源量为 388.91$\times10^8$ m^3;普安地瓜—青山区块页岩气地质资源量为 1 339.33$\times10^8$ m^3,占黔西南地区龙潭组潜质页岩有利区页岩气地质总资源量的 34.1％,可采资源量为 241.08$\times10^8$ m^3;兴仁巴铃—安龙龙山区块页岩气地质资源量 424.44$\times10^8$ m^3,占黔西南地区总资源量的 10.8％,可采资源量为 76.40$\times10^8$ m^3。

第3章 潜质页岩有机地球化学特征

有机地球化学特征是页岩的重要储层性质,一套页岩是否能够成为潜质页岩,前提条件之一是要具有一定量的有机质,具有生成油气的物质基础。有机地球化学特征对潜质页岩的生烃能力和储集能力都有重要影响,最终影响页岩气资源量和可采性。页岩气储层有机地球化学特征参数主要包括有机质丰度、有机质类型和有机质成熟度。本章系统地分析并总结了贵州牛蹄塘组海相潜质页岩和龙潭组海陆过渡相潜质页岩的有机质丰度、有机质类型和有机质成熟度等特征,揭示了不同环境对潜质页岩有机地球化学特征的影响。

3.1 海相潜质页岩有机地球化学特征

3.1.1 有机质丰度

潜质页岩有机质丰度是指潜质页岩中有机质所占的比重,一般用总有机碳(TOC)含量来反映,其测定根据国家标准《沉积岩中总有机碳测定》(GB/T 19145—2022)中的方法执行。

贵州下寒武统牛蹄塘组潜质页岩有机质丰度高,大量研究揭示了该页岩的 TOC 含量,加上本研究的分析结果,共有 316 个样品的 TOC 含量数据。这些数据显示,贵州省内牛蹄塘组潜质页岩 TOC 含量分布在 0.7%~14.6%,平均值为 5.2%(图 3-1,图中括号中数据为样品数量)。这些页岩样品中,约有 69.0%的样品(218 个)TOC 含量大于 4.0%,约有 13.0%的样品(41 个)TOC 含量介于 3.0%~4.0%,约有 10.7%的样品(34 个)TOC 含量介于 2.0%~3.0%,TOC 含量小于 2.0%的样品约占 7.3%(23 个)。贵州牛蹄塘组潜质页岩的有机质丰度相比国内外实现商业开发的页岩的有机质丰度(如四川盆地龙马溪组页岩、北美 Appalachian 盆地 Marcellus 页岩等)毫不逊色。

根据《页岩气地质评价方法》(GB/T 31483—2015)中的规定,海相页岩中

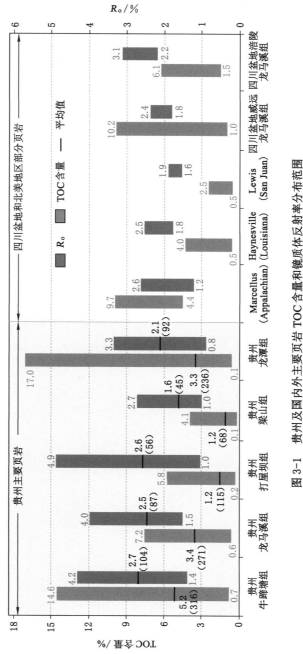

图 3-1　贵州及国内外主要页岩 TOC 含量和镜质体反射率分布范围

TOC 含量大于 2.0% 的暗色页岩称为富有机质页岩。根据该标准,贵州牛蹄塘组潜质页岩普遍属于富有机质页岩,从有机质丰度方面评价该潜质页岩具有较大的页岩气勘探开发潜力。

平面上,不同地区牛蹄塘组潜质页岩 TOC 含量变化较大,主要有两个有机碳高值区,一个位于黔东的铜仁地区,另一个位于黔东南的余庆—施秉一线,这两个高值区内潜质页岩 TOC 含量普遍高于 8.0%(图 3-2)。这两个高值区的分布主要与正常的陆棚-斜坡沉积与受黔中隆起影响形成的沉积中心有关,高值区与深水陆棚边缘、斜坡相分布区(图 2-1)大致重合,原因可能是这些环境具有更高的有机质初始生产力和更还原的海水环境(Xia et al.,2022)。往西至黔南、贵阳地区 TOC 含量有所降低,但仍普遍高于 3.0%,依然有较好的生烃潜力。黔北中北部地区主要出露志留系～三叠系,寒武系牛蹄塘组露头较少,从本地区及邻近地区部分露头和钻井资料分析,该地区牛蹄塘组潜质页岩 TOC 含量较低,

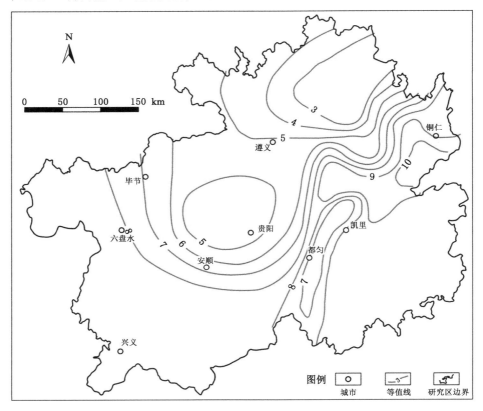

图 3-2　贵州牛蹄塘组潜质页岩 TOC 含量平面等值线图

为黔北有机碳分布的一个低值区,TOC 含量普遍低于 1.5%,习水丁山牛蹄塘组潜质页岩 TOC 含量只有 0.71%(丁山 1 井数据)。靠近川中隆起及黔中隆起的地区,潜质页岩中粉砂质含量有所增加,TOC 含量有所降低。

纵向上,地层对比结果(图 3-3)显示研究区南部、西部牛蹄塘组潜质页岩段分布相似,仅发育于牛蹄塘组下部粉砂质碳质页岩段,颜色以灰黑、黑色为主,页理较发育,普遍含黄铁矿、菱铁矿及磷质结核,部分潜质页岩层段可见油裂解成气后残留的沥青;牛蹄塘组上部含粉砂碳质泥岩段及变马冲组(或相当地层)TOC 含量很低,不属于潜质页岩。遵义以西地区牛蹄塘组上部颜色逐渐演变为灰至深灰色,粉砂质含量逐渐增加。遵义松林中南村牛蹄塘组潜质页岩段下部 TOC 含量为 6.5%～11.2%,平均含量可达 8.6%,上部 TOC 含量明显降低,为 2.1%～5.3%,平均为 3.3%(图 3-3);铜仁松桃 ZK102 井牛蹄塘组潜质页岩段下部 TOC 含量为 0.9%～18.6%,平均含量达 9.3%,向上 TOC 含量显著降低,为 0.3%～5.1%,平均约为 2.1%。此外,黔北西部(如金沙、织金等)TOC 含量高于 2.0% 的富有机质页岩厚度约为 20 m,东部(如松桃、镇远)TOC 含量高于 2.0% 的富有机质页岩厚度可达 50 m,可见黔北东部 TOC 含量高于 2.0% 的潜质页岩厚度略大,往西地层上部 TOC 含量有所降低,这种规律与沉积相分布有一定的对应关系。然而,在黔南地区,沿松桃继续往东潜质页岩 TOC 含量降低,如图 3-3 中天柱所示,尽管潜质页岩段厚度较大,但 TOC 含量较低,TOC 含量高于 2.0% 的页岩部位很薄。TOC 含量的这种纵向分布关系主要受到沉积相的影响,松桃处在深水陆棚、斜坡带,有机质初始生产力高、保存条件好;往西逐渐向浅水陆棚过渡,初始生产力和保存条件均有所减弱;往东则逐渐进入深水盆地区,初始生产力降低、沉积速率减小,不利于有机质的保存,因此在松桃一带有机质更为富集(Xia et al.,2022)。

3.1.2　有机质类型

在不同沉积环境中,由不同来源的有机质形成的干酪根的性质和生油气潜能均存在明显差别。干酪根可以划分为Ⅰ型干酪根(称为腐泥型)、Ⅱ型干酪根和Ⅲ型干酪根(称为腐殖型)三种主要类型,其中Ⅱ型干酪根可细分为 Ⅱ$_1$ 型干酪根(腐泥腐殖型)和 Ⅱ$_2$ 型干酪根(腐殖腐泥型)。Ⅰ型干酪根以含类脂化合物为主,直链烷烃占比大,多环芳烃及含氧官能团相对较少,元素组成具高氢、低氧特征,这类有机质可能来自藻类沉积物,也可能是各种有机质被细菌改造而成的,生油潜能大,每吨生油岩可生油约 1.8 kg。Ⅱ型干酪根的氢含量较高,但较

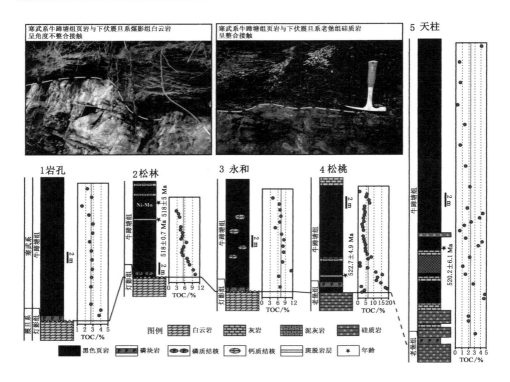

图 3-3　贵州牛蹄塘组潜质页岩 TOC 含量纵向变化特征
(Xu et al.,2011;Wang et al.,2012;Chen et al.,2015;Xia et al.,2022)

Ⅰ型干酪根的略低,为高度饱和的多环碳骨架,含中等长度直链烷烃和环烷烃较多,也含多环芳烃及杂原子官能团,来源于海相浮游生物和微生物,生油潜能中等,每吨生油岩可生油约 1.2 kg。Ⅲ型干酪根元素组成具低氢、高氧特征,以含多环芳烃及含氧官能团为主,饱和烃很少,主要来源于陆生高等植物,对生油不利,每吨生油岩可生油约 0.6 kg,但可成为有利的产气来源(郝芳 等,1993;卢双舫 等,2017)。

　　页岩中上述干酪根类型的确定方法主要采用干酪根类型指数(TI 指数)进行划分,TI 指数是根据干酪根各显微组分质量分数计算得到的,TI 指数的计算公式为:

$$TI = (100 \times a + 50 \times b - 75 \times c - 100 \times d)/100 \qquad (3-1)$$

式中,a,b,c,d 分别代表腐泥组、壳质组、镜质组和惰质组的质量分数,计算结果 TI 值即 TI 指数。当 TI≥80 时为Ⅰ型干酪根,40≤TI<80 为Ⅱ₁型干酪根,

$0 \leqslant TI < 40$ 为 $Ⅱ_2$ 型干酪根，$TI < 0$ 为 Ⅲ 型干酪根。

根据式(3-1)，结合牛蹄塘组潜质页岩显微组分组成特征，计算得到该页岩的 TI 指数，结果列于表 3-1。计算结果表明，牛蹄塘组潜质页岩 TI 指数介于 87.75～100，平均值为 95.41，为 Ⅰ 型干酪根(图 3-4)。

表 3-1　贵州牛蹄塘组潜质页岩显微组分及 TI 指数

样品编号	显微组分质量分数/%				TI 指数
	腐泥组	壳质组	镜质组	惰质组	
NTT01	95	0	5	0	91.25
NTT02	96	0	4	0	93.00
NTT03	99	0	1	0	98.25
NTT04	98	0	2	0	96.50
NTT05	98	0	2	0	96.50
NTT06	96	0	4	0	93.00
NTT07	95	0	5	0	91.25
NTT08	99	0	1	0	98.25
NTT09	98	0	2	0	96.50
NTT10	99	0	1	0	98.25
NTT11	99	0	1	0	98.25
NTT12	100	0	0	0	100
NTT13	98	0	0	2	96.00
NTT14	99	0	0	1	98.00
NTT15	99	0	1	0	98.25
NTT16	97	0	1	2	94.25
NTT17	98	0	1	1	96.25
NTT18	96	0	3	1	92.75
NTT19	98	0	2	0	96.50
NTT20	99	0	0	1	98.00
NTT021	96	0	1	3	92.25
NTT022	99	0	0	1	98.00
NTT023	98	0	2	0	96.50
NTT024	98	0	2	0	96.50
NTT025	95	0	0	5	90.00

表 3-1（续）

样品编号	显微组分质量分数/%				TI 指数
	腐泥组	壳质组	镜质组	惰质组	
NTT026	98	0	1	1	96.25
NTT027	97	0	3	0	94.75
NTT028	98	0	2	0	96.50
NTT029	93	0	7	0	87.75
NTT030	95	0	5	0	91.25
NTT031	96	0	4	0	93.00
NTT032	97	0	3	0	94.75
NTT033	97	0	1	2	94.25
NTT034	99	0	0	1	98.00
NTT035	99	0	1	0	98.25
NTT036	99	0	1	0	98.25
NTT037	98	0	1	1	96.25
NTT038	95	0	4	1	91.00
NTT039	98	0	2	0	96.50

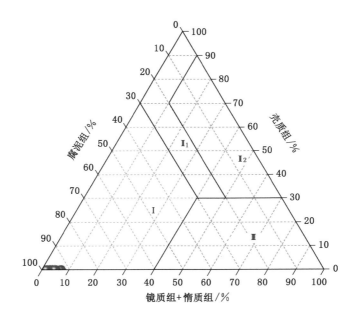

图 3-4　贵州牛蹄塘组潜质页岩显微组分与干酪根类型

除 TI 指数外,有机碳同位素($\delta^{13}C_{org}$)是识别有机物类型的另一个重要参数。通常,当 $\delta^{13}C_{org} \leqslant -29‰$ 时,为 Ⅰ 型干酪根;当 $-29‰ < \delta^{13}C_{org} \leqslant -27.6‰$ 时,为 $Ⅱ_1$ 型干酪根;当 $-27.6‰ < \delta^{13}C_{org} \leqslant -26‰$,为 $Ⅱ_2$ 型干酪根;当 $\delta^{13}C_{org} > -26‰$ 时,为 Ⅲ 型干酪根(卢双舫 等,2017)。贵州牛蹄塘组潜质页岩样品 $\delta^{13}C_{org}$ 值介于 $-39.2‰ \sim -30.7‰$,表明该潜质页岩样品均属于 Ⅰ 型干酪根(图 3-5)。

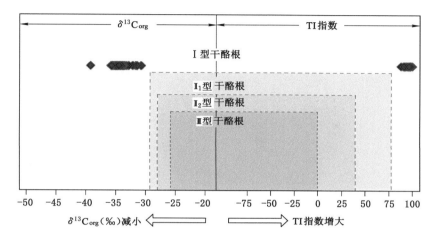

图 3-5　贵州牛蹄塘组潜质页岩干酪根类型划分结果

TI 指数和 $\delta^{13}C_{org}$ 均显示,贵州下寒武统牛蹄塘组潜质页岩干酪根类型主要为 Ⅰ 型。

3.1.3　有机质成熟度

有机质成熟度是烃源岩评价的重要指标,也是指导页岩油气勘探开发的重要依据,它不仅决定页岩所处的生烃演化阶段,而且与页岩孔隙度、孔隙结构和含气性密切相关(Curtis,2002;Jarvie et al.,2007;赵靖舟 等,2016)。镜质体反射率(R_o,%)是反映有机质成熟度的主要指标之一,当镜质体反射率大于 2.0% 时有机质达到过成熟,介于 $1.3\% \sim 2.0\%$ 时有机质为高成熟,介于 $0.7\% \sim 1.3\%$ 时有机质为中成熟,介于 $0.5\% \sim 0.7\%$ 为低成熟,小于 0.5% 时有机质为未成熟(卢双舫 等,2017)。然而,镜质组是来源于高等植物的显微组分,在陆相页岩和海陆过渡相页岩中常见,但海相页岩中往往缺少镜质组,因此海相页岩有机质成熟度评价常采用等效镜质体反射率(BR_o,%)(Sanei et al.,2015),其划分方案参考 R_o 的。

本研究共分析了 104 个样品的等效镜质体反射率,分布范围为 1.4%～4.2%,平均值为 2.7%(图 3-1)。其中,等效镜质体反射率大于 4.0%的样品有 13 个,占比 13%(图 3-6);镜质体反射率 3.0%～4.0%的样品有 43 个,占比 41%;镜质体反射率 2.0%～3.0%的样品有 41 个,占比 39%;镜质体反射率小于 2.0%的样品有 7 个,占比 7%。可以发现,贵州牛蹄塘组潜质页岩普遍进入高成熟—过成熟阶段,其中过成熟页岩占比达到 93%。

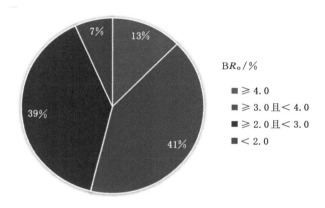

图 3-6　贵州牛蹄塘组潜质页岩等效镜质体反射率分布

平面上,黔北东部的松桃—铜仁地区牛蹄塘组潜质页岩热演化程度最高,等效镜质体反射率基本都大于等于 3.0%,最大可达 4.2%,处于过成熟的晚期。相比之下,黔南及遵义地区等效镜质体反射率较小,在瓮安—麻江—黄平一带为大于等于 2.0%且小于 3.0%。虽然牛蹄塘组潜质页岩的热演化程度较高,但根据美国页岩气的勘探经验,贵州省牛蹄塘组潜质页岩仍具有较好的页岩气潜力(邹才能 等,2021)。例如,程鹏等(2013)、闵华军(2020)、聂海宽等(2022)的研究结果显示,尽管 R_o 大于 3.5% 后页岩储层孔隙会随成熟度的继续升高而减小,但在 R_o 为 3.5%～4.0% 阶段孔隙度仍然高于 2.0%,储层物性高于页岩气开发有利区评价的储层下限;Nolte 等(2019)报道南非卡鲁盆地 Whitehill 页岩 R_o 均值约为 4.0%,其孔隙度可达 4.3%～6.3%。

纵向上,虽然单井(或剖面)上页岩成熟度并无规律(图 3-7),BR_o 均大于 2.0%,全部处于过成熟阶段,以生干气为主。然而,通过多口井的成熟度测试数据可知有机质成熟度随埋藏深度增加有微弱的增长趋势,其原因是随着埋藏深度增加地温逐渐增大,导致有机质热演化程度加深。值得注意的是,在潜质页岩中含有 Ni-Mo-V-PGE 多金属矿层,在该矿层中,有机质丰度和成熟度都远高于矿层以外的潜质页岩的[图 3-7(a)],这是一个值得深入思考和研究的问题。

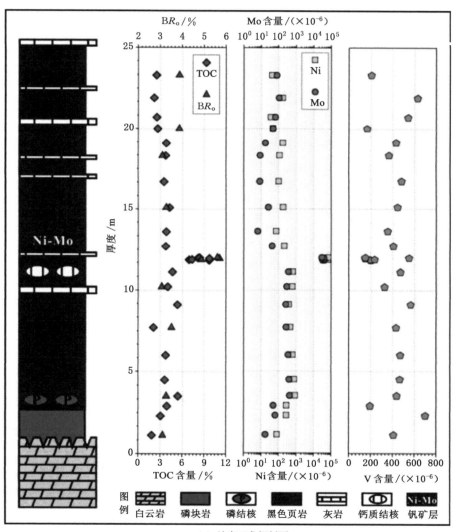

(a) 纳雍玉龙坝剖面

图 3-7　牛蹄塘组有机质成熟度纵向变化特征

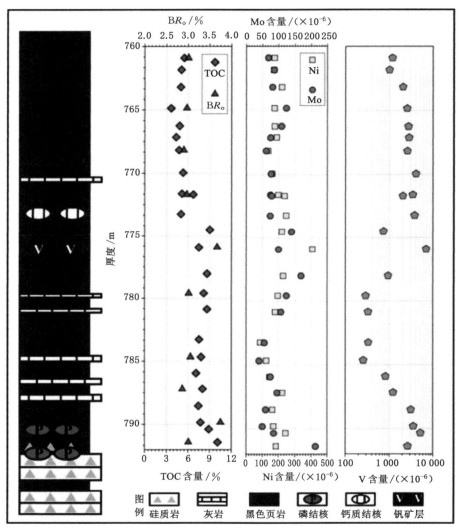

（b）镇远 ZY 井

图 3-7　（续）

3.2　海陆过渡相潜质页岩有机地球化学特征

3.2.1　有机质丰度

贵州上二叠统龙潭组潜质页岩有机质丰富,本书共分析了 236 个页岩样品的 TOC 含量数据。可以发现,贵州龙潭组潜质页岩 TOC 含量分布范围为 $0.1\% \sim 17.0\%$,平均值约为 3.3%(图 3-1)。在这 236 个页岩样品中,约有 39.4% 的样品(93 个)TOC 含量大于 4.0%,约有 25.4% 的样品(60 个)TOC 含量为 $3.0\% \sim 4.0\%$,约有 23.7% 的样品(56 个)TOC 含量为 $2.0\% \sim 3.0\%$,TOC 含量小于 2.0% 的样品约占 11.5%(27 个)。相比前述牛蹄塘组潜质页岩,龙潭组潜质页岩 TOC 含量变化范围更大,平均有机质丰度略低。根据《页岩气地质评价方法》(GB/T 31483—2015)中的规定,海陆过渡相页岩和煤系页岩 TOC 含量达到 1.0% 以上即可称为富有机质页岩。根据该标准,贵州省内龙潭组潜质页岩属于富有机质页岩。

平面上,TOC 含量高值区主要位于水城,盘州,兴仁,六枝一带、威宁往西北地区以及大方地区(图 3-8),TOC 含量均超过 4.0%,兴仁回龙处样品 TOC 含量达到最高值 17.0%,低值区位于威宁与水城之间,TOC 含量普遍低于 2.0%。

纵向上,地层对比结果(图 3-9)表明龙潭组 TOC 含量在纵向上变化规律不明显,一般在靠近煤层的部位有机质丰度更高(Zhao et al.,2021)。如图 3-9 所示,普安 W2 井煤系页岩 TOC 含量最低为 0.61%,最高约达 18.00%,平均值为 3.34%;织金 W4 井煤系页岩 TOC 含量最低为 1.12%,最高接近 12.00%,平均值为 5.34%。前人研究表明,兴仁 W1 井煤系页岩 TOC 含量介于 $0.60\% \sim 11.72\%$,平均值为 3.43%;水城 W3 井煤系页岩 TOC 含量相对较高,平均值高达 7.7%;黔西 W5 井煤系页岩 TOC 含量介于 $1.29\% \sim 14.80\%$,平均值为 5.27%。

3.2.2　有机质类型

对贵州上二叠统龙潭组潜质页岩岩芯样品的干酪根显微组分测试结果显示,干酪根显微组分以镜质组为主,含量为 $59.00\% \sim 100.00\%$,平均值为 85.13%;其次为惰质组,含量为 $4.60\% \sim 33.00\%$,平均值为 12.75%;壳质组和腐泥组含量很少,平均含量分别为 1.44% 和 0.52%。利用本章 3.1.2 小节提到

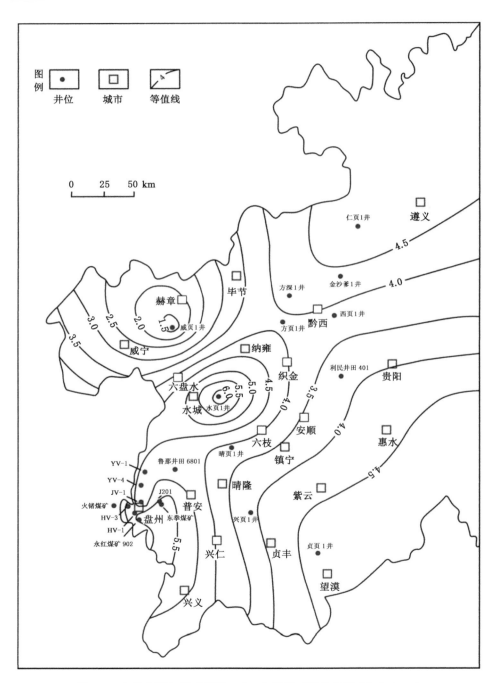

图 3-8　贵州龙潭组潜质页岩 TOC 含量平面等值线图（马啸，2017）

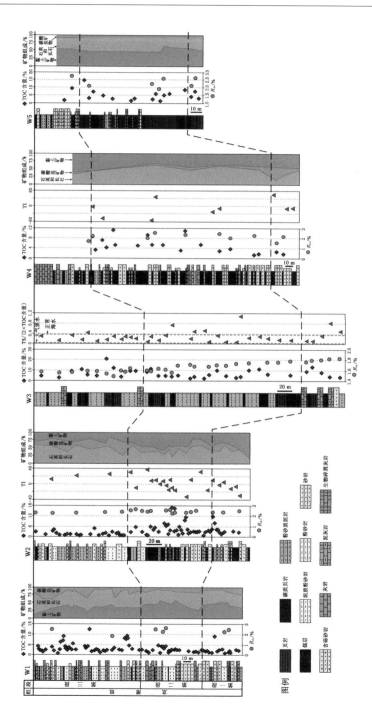

图 3-9　龙潭组潜质页岩 TOC 含量纵向变化特征

（注：TS 为全硫含量）

的干酪根类型指数公式计算该潜质页岩干酪根 TI 指数,计算结果如表 3-2 所示。计算结果表明,龙潭组潜质页岩 TI 指数介于 $-82.00 \sim -67.25$,为 III 型干酪根(图 3-10)。此外,龙潭组潜质页岩 $\delta^{13}C_{org}$ 介于 $-24.9‰ \sim -23.2‰$,也说明页岩中有机质属于 III 型干酪根(图 3-11)。

表 3-2　贵州龙潭组潜质页岩显微组分及 TI 指数

样品编号	显微组分质量分数/%				TI 指数
	腐泥组	壳质组	镜质组	惰质组	
LT01	0	0	95.40	4.60	-76.15
LT02	0	0	92.50	5.10	-74.48
LT03	0	0	95.00	5.00	-76.25
LT04	0	2.80	97.20	0.00	-71.50
LT05	0	2.50	87.50	10.00	-74.38
LT06	0	7.50	86.00	6.50	-67.25
LT07	0	0	91.00	9.00	-77.25
LT08	0	10.00	59.00	31.00	-70.25
LT09	0	0	76.00	24.00	-81.00
LT10	0	0	76.00	24.00	-81.00
LT11	0	5.00	85.00	10.00	-71.25
LT12	0	1.78	88.16	9.82	-75.05
LT13	0	0	78.00	22.00	-80.50
LT14	0	1	66.00	33.00	-82.00
LT15	0	1	75.00	24.00	-79.75
LT16	0	1	92.00	7.00	-75.50
LT17	0	1	91.00	8.00	-75.75
LT18	0	1	84.00	15.00	-77.50
LT19	0	1	82.00	17.00	-78.00
LT20	0	0	90.00	10.00	-77.50
LT21	0	0	100.00	0.00	-75.00
LT22	5	0	85.00	10.00	-68.75
LT23	3	0	88.00	8.00	-71.00
LT24	4	0	84.00	12.00	-71.00
LT25	1	0.50	84.58	13.83	-76.02

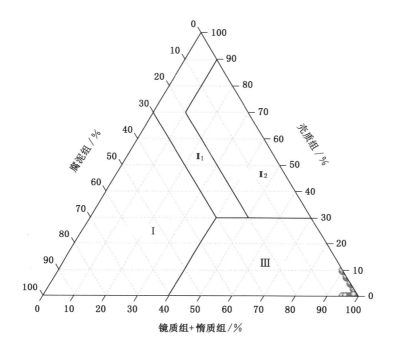

图 3-10　贵州龙潭组潜质页岩显微组分与干酪根类型

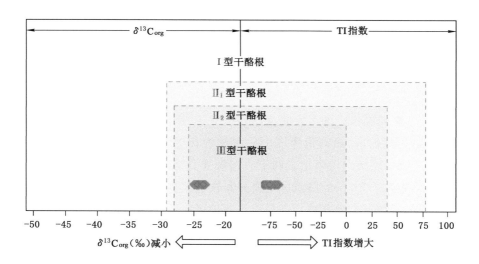

图 3-11　贵州龙潭组潜质页岩干酪根类型划分结果

3.2.3 有机质成熟度

龙潭组潜质页岩属于海陆过渡相页岩,有机组分中含有较多的镜质组(表 3-2),因此可以直接测定镜质体反射率,不需要计算等效镜质体反射率。本书共分析了龙潭组潜质页岩 92 个样品的镜质体反射率数据,分布范围为0.8%~3.3%,平均值为 2.1%(图 3-1)。其中,镜质体反射率大于等于 2.0% 的样品有 17 个,占比 18.5%(图 3-12);大于等于 1.3% 且小于 2.0% 的样品有39 个,占比 42.4%;小于 1.3% 的样品有 36 个,占比 39.1%,其中最小值为0.8%。可以发现,贵州龙潭组潜质页岩主要处于高成熟阶段和过成熟阶段,基本没有低成熟和未成熟样品。

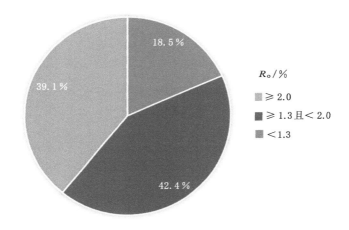

图 3-12 贵州龙潭组潜质页岩镜质体反射率分布

平面上,在研究区内的习水复兴、金沙、普定三个部位形成龙潭组潜质页岩镜质体反射率高值区,最高值为 3.3%,主体为 2.0%~2.6%,平均值为2.45%,小于下寒武统牛蹄塘组潜质页岩和下志留统龙马溪组潜质页岩镜质体反射率。镜质体反射率大于 2.0% 的高值区主要分布在普安、晴隆、贞丰一带及兴义一带;小于 1.0% 的低值区主要在威宁以西及盘州地区。

纵向上,虽然单井上页岩成熟度并无规律。如图 3-9 所示,普安 W2 井 R_o 值为 2.26%~2.58%,平均值为 2.41%,织金 W4 井 R_o 值为 1.46%~2.52%,平均值为 1.89%,反映贵州龙潭组潜质页岩处于高成熟—过成熟演化阶段。前人研究结果也表明该页岩处于高成熟—过成熟演化阶段,如兴仁 W1 井 R_o 值为

1.92%～2.93%,水城 W3 井 R_o 值为 1.48%～1.84%,黔西 W5 井 R_o 值为 1.89%～2.74%。综合前人研究和本研究实验结果,可以推断:① 贵州龙潭组潜质页岩整体处于高成熟—过成熟演化阶段;② 普安、晴隆、贞丰一带和兴义地区有机质成熟度最高,基本处于过成熟($R_o \geqslant 2.0$%)演化阶段,威宁、盘州一带和织金、纳雍一带有机质以高成熟(1.3% $\leqslant R_o < 2.0$%)为主,部分达过成熟。通过多口井的成熟度测试数据可见成熟度随深度增加有微弱的增长趋势。

第4章 潜质页岩储集物性及其影响因素

　　储层物性指油气储集层的物理性质,广义上包括储层岩石骨架性质、孔隙度、渗透率、导电性、热学性质、声学性质、放射性及各种敏感性等;狭义上指储层岩石的孔渗发育特征,包括孔隙度、渗透率、孔径分布等,是决定储层对油气储集能力和渗流能力的关键因素。页岩属于非常规储层,与传统砂岩储层相比,具有低孔隙度($<6.0\%$)、低渗透率($<1\times10^{-6}$ μm^2)和超细孔隙结构(孔隙直径通常小于 100 nm)的特点(Nelson,2009;Clarkson et al.,2012;Hao et al.,2013)。页岩储层的这些特点导致页岩气的储集特征和开发技术与常规砂岩储层具有很大差异(张金川,2017)。本章系统总结并分析了贵州牛蹄塘组海相潜质页岩以及龙潭组海陆过渡相潜质页岩的孔隙度、渗透率、孔径分布等储层物性,并在此基础上,探索了有机孔隙的发育特征及其在页岩孔隙中所占的比例,定量揭示了有机孔隙对全岩孔隙的贡献度。

4.1 海相潜质页岩储集物性特征

4.1.1 孔渗性

　　(1)孔隙类型

　　通过场发射扫描电镜(FE-SEM)观察页岩孔隙发育特征,实验仪器为 ZEISS Sigma 场发射扫描电子显微镜,实验前对样品进行氩离子抛光,去除杂质,形成光洁的二维平面,实验过程参照《岩石样品扫描电子显微镜分析方法》(SY/T 5162—2021)进行。通过扫描电镜在贵州牛蹄塘组页岩中发现有机孔、无机孔和微裂缝三类孔隙(图 4-1),其中,无机孔主要为粒间孔[图 4-1(a)]、晶间孔[图 4-1(b)、图 4-1(c)]、粒内孔[图 4-1(d)]和溶蚀孔[图 4-1(e)]。有机孔包括气孔[图 4-1(f)、图 4-1(g)]和残余胞腔孔[图 4-1(h)],其中以气孔为主,形成于有机质成藏和热演化过程,发育程度和结构特征受有机质类型、有机质丰度和有机质成熟度等因素影响,残余胞腔孔为原生有机孔,在成岩过程中多被矿物充填(Zhang et al.,2020;洪剑 等,2020;腾格尔 等,2021)。微裂缝主要包括构

造缝[图 4-1(i)]、成岩收缩缝[图 4-1(j)]、有机质演化异常压力缝[图 4-1(k)]和
贴粒缝[图 4-1(l)]。

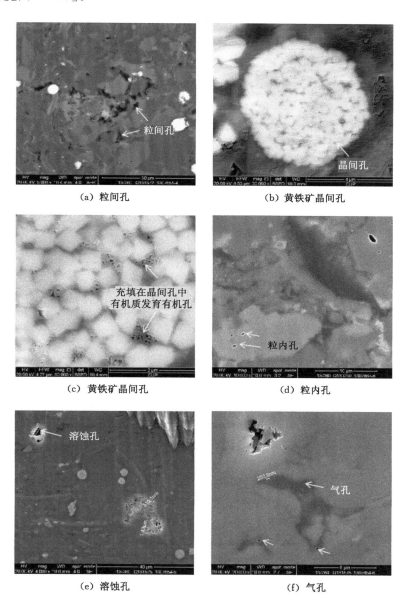

（a）粒间孔　　　　　　　　（b）黄铁矿晶间孔

（c）黄铁矿晶间孔　　　　　　　（d）粒内孔

（e）溶蚀孔　　　　　　　　（f）气孔

图 4-1　研究区龙潭组潜质页岩孔隙发育特征

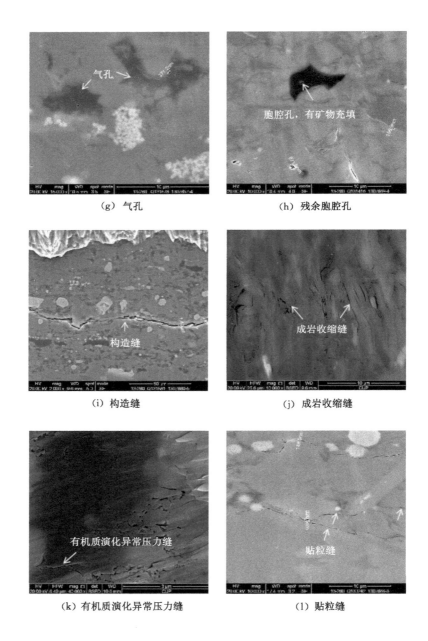

（g）气孔　　　　　　　　　　　（h）残余胞腔孔

（i）构造缝　　　　　　　　　　　（j）成岩收缩缝

（k）有机质演化异常压力缝　　　　　（l）贴粒缝

图 4-1 （续）

有机孔的发育程度主要受有机质类型和有机质成熟度的影响。如图 4-2 所示,有机孔在页岩有机质的不同热演化阶段都存在,但其在不同演化阶段的发育程度、结构特征、主控因素、形成机理等存在明显差异(Milliken et al.,2013;Liang et al.,2017;Mathia et al.,2019;姜振学 等,2021;邹才能 等,2021;邵德勇 等,2022;Guan et al.,2022;Liu et al.,2023)。在未成熟阶段,有机孔以原始胞腔孔为主,同时上覆压实程度低,原始胞腔孔孔隙尚未被大量破坏和充填,因此有机孔发育较好(宋岩 等,2020)。在成熟阶段,有机质热解生成大量液态烃形成液化孔,但持续进行的压实作用使原始胞腔孔孔隙不断损失,生成的液态烃会充填胞腔孔和液化孔,该阶段有机孔体积呈先增大后减小的演化特征(Curtis et al.,2012;Löhr et al.,2015;Wang et al.,2021)。在高成熟阶段,液态烃裂解为气态烃,被液态烃占据的孔隙得到恢复,同时残余干酪根裂解形成气孔,导致该阶

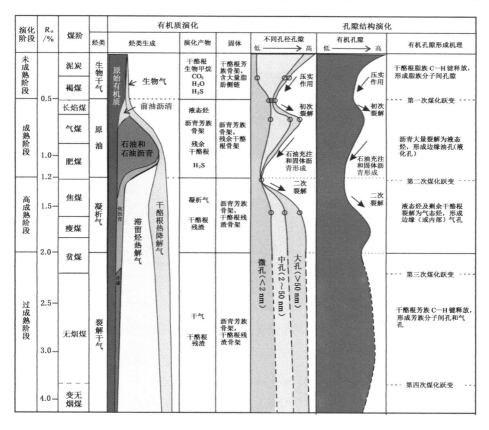

图 4-2　沉积岩中有机质生烃作用和孔隙演化模式及机制

(Topór et al.,2017;纪文明,2017;Guo et al.,2019;姜振学 等,2020;宋岩 等,2020)

段有机孔显著增加(苗雅楠 等,2017;王幸蒙,2020)。在过成熟阶段,液态烃枯竭,干酪根残渣在高温作用下继续裂解生成热成因干气并形成气孔(Wei et al.,2019;Hu et al.,2020);同时,芳香缩聚成为该阶段有机质分子结构演化的主导作用,在其影响下有机质结构趋于致密有序(苗雅楠 等,2017;Hou et al.,2019)。在两方面因素的综合影响下,过成熟阶段有机孔演化较复杂,至今尚未形成统一认识,其中关键问题之一为有机孔演化发生转折性变化的临界成熟度及作用机制不明。此外,有机质类型也是有机孔发育特征的重要影响因素。类脂组分的有机孔发育滞后,即在生油窗发育很差,只有在生气窗当生烃膨胀力足够强时才会大量发育有机孔;而腐殖组分则可以在较低的热演化成熟度下直接生气形成有机孔,但因其化学结构不易改变,有机孔的发育规模大为受限(杨超,2017)。研究区牛蹄塘组潜质页岩中显微组分以腐泥组为主(表 3-1),有机质类型为Ⅰ型(图 3-4),经过长期热演化后主要形成干酪根残渣和焦沥青,有机孔多发育在迁移有机质中(焦沥青),而原位干酪根残渣中孔隙发育较差(图 4-3)(洪剑 等,2020;Wang et al.,2020;Zhang et al.,2020;Ning et al.,2023)。

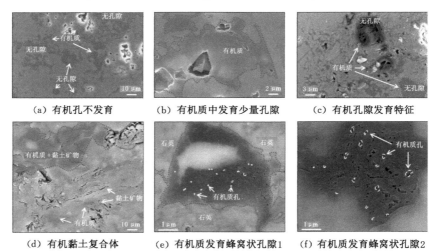

(a) 有机孔不发育　　(b) 有机质中发育少量孔隙　　(c) 有机孔隙发育特征

(d) 有机黏土复合体　(e) 有机质发育蜂窝状孔隙1　(f) 有机质发育蜂窝状孔隙2

图 4-3　贵州牛蹄塘组潜质页岩有机质及其孔隙发育特征

粒间孔是分布在矿物颗粒之间或者矿物与有机质之间的孔隙[图 4-1(a)],其孔径较大,形态多不规则。粒间孔往往在沉积阶段就已形成,该阶段粒间孔直径较大,之后在成岩作用期间受机械压实作用和胶结作用影响,孔隙直径不断减小。晶间孔是分布在矿物晶体颗粒之间的孔隙,常见的有黄铁矿晶间孔[图 4-1(c)]、黏土矿物片层间孔等。粒内孔发育在矿物颗粒内部,多呈板状、椭圆形和不规则状等形态,是矿物转化、破损形成的孔隙,常见的有黏土矿物粒内孔、石英粒内孔[图 4-1(d)]、长石粒内孔等。粒内孔常常孤立发育,彼此间连通性较差,相比之下,粒间孔和晶间孔连通性相对较好。溶蚀孔主要出现在碳酸盐矿物中(如方解石、白云石),由矿物遭受溶蚀作用形成,形状多不规则[图 4-1(e)]。微裂缝主要在构造运动、成岩收缩作用、溶蚀作用、矿物结晶作用、有机质热演化收缩等应力作用下形成,是吸附气的有效输导通道和游离气的储集空间(王羽 等,2015)。贵州牛蹄塘组潜质页岩微裂缝类型多样,其中,构造缝[图 4-1(i)]是在构造作用力影响下岩石发生破裂形成的裂缝,常与纹层面垂直或者斜交;成岩收缩缝[图 4-1(j)]是在成岩阶段由于上覆层的压力和本身失水收缩、干裂或重结晶等作用所产生的裂缝,多平行于纹层面分布,一般不穿层;有机质演化异常压力缝[图 4-1(k)]是在有机质热演化过程中收缩形成的裂缝,其长度往往受有机质团块大小的限制;贴粒缝[图 4-1(l)]是流体沿碎屑颗粒边缘流动并溶解较早形成的胶结物、杂基甚至碎屑颗粒后形成于颗粒和填隙物之间的缝隙,在后来可能被碳酸盐胶结物填充。

贵州牛蹄塘组潜质页岩样品中不同类型孔隙占比如图 4-4 所示。该潜质页岩孔隙中,粒间孔占比最高,达 39%,粒内孔、晶间孔和溶蚀孔占比分别为 22%、17% 和 17%,有机孔占比最低,为 5%。

图 4-4　贵州牛蹄塘组潜质页岩样品中不同类型孔隙占比

（2）孔隙度和渗透率

贵州下寒武统牛蹄塘组潜质页岩的孔隙度分布范围为 1.3%～25.6%,平均值约为 8.2%,总孔隙度在页岩中属于中等水平;渗透率分布范围为 $0.002\ 2\times10^{-3}$～$0.017\ 2\times10^{-3}\ \mu m^2$,平均值约为 $0.008\ 3\times10^{-3}\ \mu m^2$,渗透率极低。平面上,遵义习水、贵阳开阳、铜仁松桃等地页岩的孔隙度较高;遵义湄潭、铜仁沿河、黔东南镇远和岑巩等地页岩的孔隙度较低;渗透率总体分布趋势与孔隙度分布趋势基本一致。

牛蹄塘组井下岩芯孔隙度平均为0.6%,渗透率平均为0.026×10^{-3} μm^2;地表样品孔隙度平均为6.98%,渗透率平均为0.03×10^{-3} μm^2。牛蹄塘组潜质页岩层段孔渗性的纵向变化规律表现为孔隙度随深度增加而出现先减小后增大的趋势,渗透率则随深度增加而减小的趋势(图4-5)。

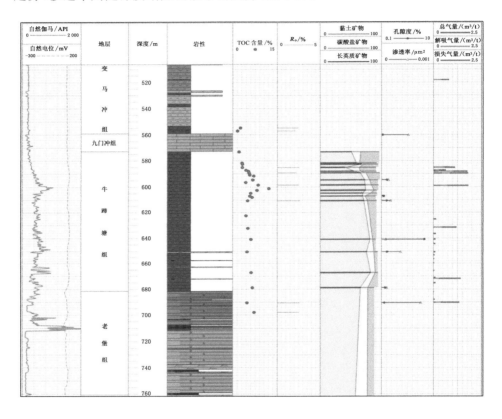

图4-5　研究区QX1井牛蹄塘组潜质页岩综合评价图
(资料来源:贵州省油气勘查开发工程研究院)

4.1.2　孔径分布

流体注入法是定量评价岩石孔隙结构的有效方法,其中页岩常用的分析方法是气体吸附法,包括氮气吸附和二氧化碳吸附。其中,氮气吸附能够表示直径在1.7~300 nm范围的孔隙,二氧化碳吸附能够表示直径在0.35~1.10 nm范围的小孔,其中表示下限0.35 nm与甲烷(0.38 nm)、二氧化碳(0.33 nm)等气体分子直径接近,属于这些气体分子能够进入的最小孔隙。本书采用国际纯粹与应用化学联合会(IUPAC)对微观孔隙的划分方案,即按孔隙直径把孔隙划分为大孔(直径>50 nm)、中孔(直径 2~50 nm)和微孔(直径<2 nm)。因此,氮气吸附主要表示中孔、大孔的特征,二氧化碳吸附则主要反映微孔的发育特征(Okolo et al.,2015)。将氮气吸附和二氧化碳吸附结合使用,能够反映页岩中不同尺寸孔隙的特征和占比,进而揭示页岩孔隙结构。本研究分析了牛蹄塘组潜质页岩样品的氮气等温吸附/解吸特征和二氧化碳吸附特征,为了揭示有机孔发育特征以及有机质对页岩孔隙的贡献,研究中针对潜质页岩中干酪根也开展了对应的气体吸附实验,干酪根的制取参考《沉积岩中干酪根分离方法》(GB/T 19144—2010)执行,流程如图 4-6 所示。牛蹄塘组潜质页岩和干酪根的氮气等温吸附/解吸曲线如图 4-7 所示,二氧化碳吸附曲线如图 4-8 所示。

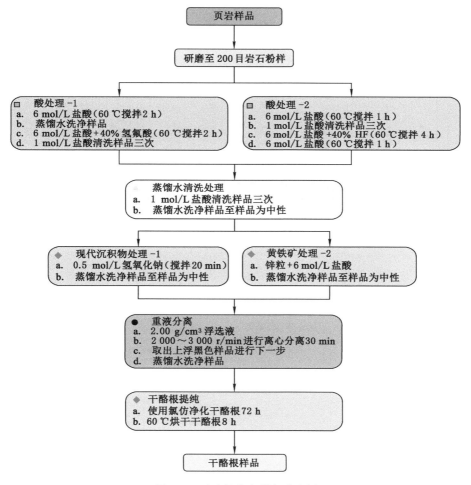

图 4-6　干酪根分离制备流程图

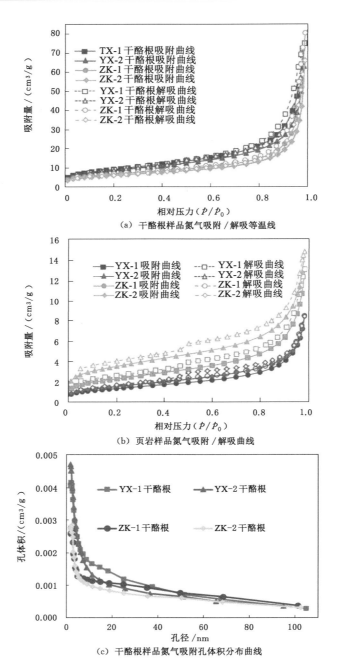

(a) 干酪根样品氮气吸附/解吸等温线

(b) 页岩样品氮气吸附/解吸曲线

(c) 干酪根样品氮气吸附孔体积分布曲线

图 4-7　贵州牛蹄塘组潜质页岩和干酪根的氮气吸附/解吸及孔径分布曲线

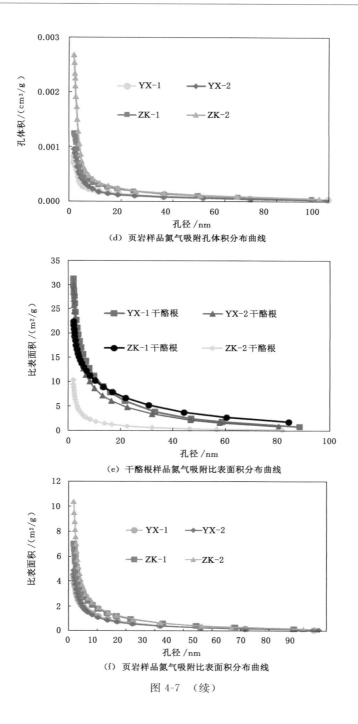

（d）页岩样品氮气吸附孔体积分布曲线

（e）干酪根样品氮气吸附比表面积分布曲线

（f）页岩样品氮气吸附比表面积分布曲线

图 4-7　（续）

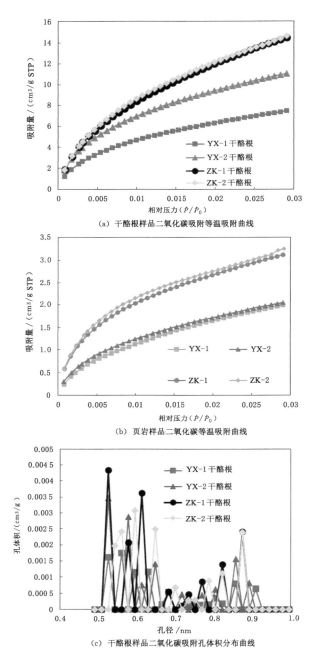

（a）干酪根样品二氧化碳吸附等温吸附曲线

（b）页岩样品二氧化碳等温吸附曲线

（c）干酪根样品二氧化碳吸附孔体积分布曲线

图 4-8　贵州牛蹄塘塘组潜质页岩和干酪根的二氧化碳吸附等温曲线及孔径分布曲线

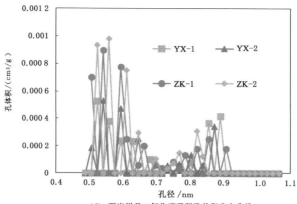

（d）页岩样品二氧化碳吸附孔体积分布曲线

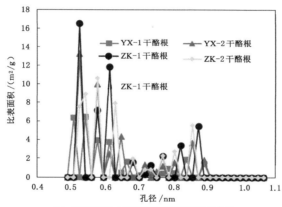

（e）干酪根样品二氧化碳吸附比表面积分布曲线

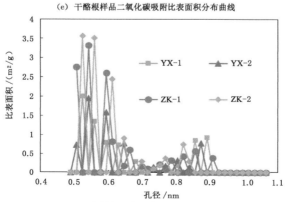

（f）页岩样品二氧化碳吸附比表面积分布曲线

图 4-8　（续）

图 4-7(a)和图 4-7(b)所示的等温吸附曲线中,在高相对压力条件下,气体吸附量急剧上升,吸附气体体积在相对高压下达到最大值。干酪根和潜质页岩的等温吸附曲线是不同的,根据 IUPAC 的分类,干酪根等温吸附曲线具有Ⅲ型曲线特征,潜质页岩等温吸附曲线主要表现为Ⅳ型曲线特征。干酪根的等温吸附曲线没有出现明显的拐点,在较低相对压力条件下表现出弱相互作用,相对压力增高,吸附量增加;潜质页岩的等温吸附在低相对压力条件下为单分子层吸附,在中等相对压力时吸附曲线和脱附曲线间出现明显回滞环,回滞环形态反映孔隙为 H3 型的狭缝状孔道(Cao et al.,2015;Chen et al.,2019)。

二氧化碳等温曲线类型均为Ⅰ型[图 4-8(a)、图 4-8(b)],表明页岩样品和干酪根样品中均发育微孔。ZK 井的样品中,无论是有机质还是潜质页岩的等温吸附曲线都近似一致。值得注意的是,在氮气吸附和二氧化碳吸附中,干酪根的吸附气体量高于潜质页岩的吸附气体量,表明干酪根中拥有更多的孔隙,能够吸附更多的二氧化碳和氮气。

根据实验数据,分别计算干酪根和潜质页岩的比表面积、孔体积和平均孔径,结果如表 4-1 所列。从表 4-1 中参数可以看出,相比潜质页岩,干酪根具有更高的比表面积和孔体积,干酪根平均孔径大于潜质页岩平均孔径。这些结果表明,潜质页岩中干酪根是孔隙相对较发育的组分。

表 4-1　氮气吸附/解吸比表面积、孔体积以及孔隙分形维数计算结果

样品编号	比表面积 /(m²/g)	孔体积 /(cm³/g)	平均孔径 /nm	分形维数 D_1	分形维数 D_2
YX-1 页岩	4.907 9	0.012 633	11.262 4	2.519 9	2.616 0
YX-2 页岩	5.700 8	0.012 262	10.145 4	2.489 4	2.667 4
ZK-1 页岩	8.089 80	0.019 342	11.024 7	2.549 5	2.641 2
ZK-2 页岩	12.376 0	0.022 206	8.553 7	2.585 4	2.701 9
YX-1 干酪根	33.137 0	0.112 127	14.326 7	2.479 1	2.558 0
YX-2 干酪根	30.955 7	0.095 407	12.746 8	2.478 2	2.583 2
ZK-1 干酪根	23.723 2	0.123 226	21.973 2	2.542 3	2.488 3
ZK-2 干酪根	21.395 3	0.101 072	19.599 0	2.535 5	2.461 1

基于氮气吸附数据,通过 BJH 模型计算牛蹄塘组潜质页岩和干酪根中直径为 1.7～120 nm 范围孔隙的比表面积和孔体积,并绘制不同孔径范围比表面积和孔体积分布图(图 4-9)。结果显示,牛蹄塘组潜质页岩和干酪根样品的孔径分布主要为单峰型,曲线随着孔径增大呈单调下降趋势,微孔、中孔占比高,并以直径小于 10 nm 的孔隙为主。值得注意的是,在整个孔径范围内,干酪根的孔

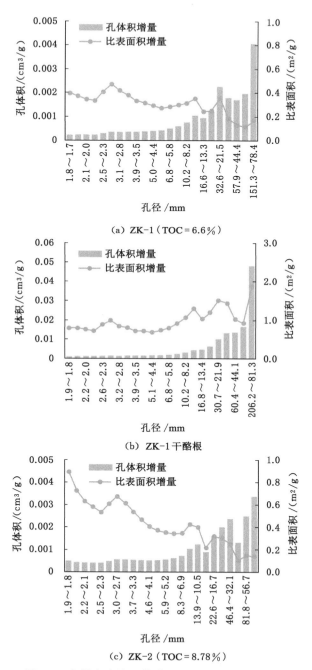

图 4-9　贵州牛蹄塘组潜质页岩和干酪根孔径分布

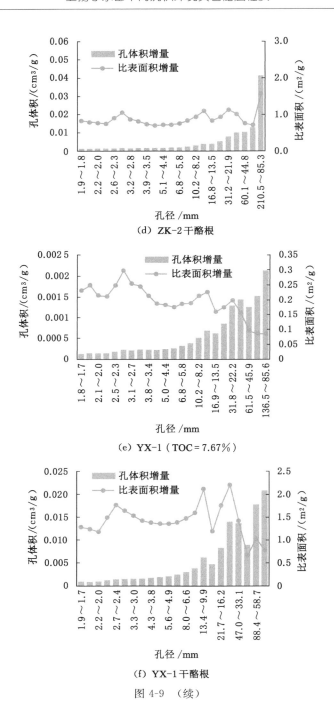

（d）ZK-2干酪根

（e）YX-1（TOC＝7.67％）

（f）YX-1干酪根

图 4-9 （续）

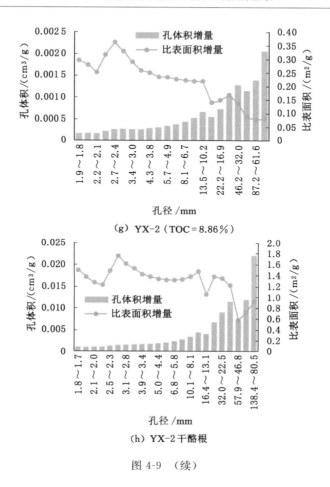

（g）YX-2（TOC＝8.86％）

（h）YX-2 干酪根

图 4-9　（续）

体积和表面积要大于潜质页岩的孔体积和比表面积,说明干酪根的孔隙发育程度要比潜质页岩中矿物的孔隙发育程度高。

低温二氧化碳吸附可以有效地定量分析微孔,基于二氧化碳吸附实验数据,通过 DFT 模型能够计算直径为 0.35～1.1 nm 范围内微孔的孔体积和比表面积,结果如图 4-8(c)～图 4-8(f)所示。结果显示,干酪根孔体积和比表面积比潜质页岩的大,说明干酪根中微孔更为发育。在干酪根孔体积和比表面积分布曲线上,ZK 井样品的孔径分布基本高于 YX 井样品的孔径分布。结合 FE-SEM 图像,可以观察到有的有机质气孔富集,有的有机质气孔不富集,这可能与有机质的类型和演化程度有关,使得不同类型有机质吸附能力不同。

由图 4-9 可以明显看出,潜质页岩孔隙尺寸与孔体积呈递增趋势,孔径与比表面积呈递减趋势。干酪根中,大孔是孔体积的主要贡献者,微孔到大孔对比表面积的贡献较大,这与潜质页岩的结果不同。

为了更好地评价孔隙类型对孔体积和比表面积的贡献程度,绘制了不同孔径孔隙的孔体积和比表面积分布饼状图(图 4-10)。潜质页岩的中孔是孔体积的主要贡献者,而在干酪根中,大孔是孔体积的主要贡献者。有机质的微孔对孔体积的贡献相较于潜质页岩要小。中孔是比表面积的主要贡献者,占比在 50% 以上。微孔对比表面积的贡献次于中孔对比表面积的贡献,大孔对比表面积的贡献最小。大量的微孔和中孔能够提供丰富的比表面积(Xia et al.,2021),这与本次结果一致。值得引起关注的是,有机质的大孔对孔体积和比表面积的贡献程度要远大于潜质页岩的。说明有机质中不仅发育着大量的微孔和中孔,同时也发育着大孔。这可能是在处理样品(粉碎至 200 目和提取干酪根)时,打开了有机质中的部分闭孔,同时在提取干酪根时,去除黄铁矿的同时,有机质中留下了铸模孔(何庆 等,2019;鲍衍君 等,2022)。该结果显示,干酪根中发育着大量不同孔径的孔隙。

页岩中孔隙结构特征除受到矿物组成、岩石结构、成岩阶段以及岩石所处外部环境等因素的影响外,有机质丰度和有机质成熟度也是重要的影响因素。图 4-11 为不同有机质丰度、有机质成熟度条件下牛蹄塘组潜质页岩中孔隙的孔体积和比表面积分布。如图所示,与其他样品相比,MTSS-1 和 RTSS-1 表现出明显更大的孔体积和比表面积,这表明 R_o 值在 2.0%～3.0% 范围内的硅质页岩孔隙更为发育。随着 R_o 值从 2.0%～3.0% 增加到 3.0%～4.0%,各岩相页岩孔隙的孔体积和比表面积减小,当 R_o 值从 2.0%～3.0% 增加到 3.0%～4.0% 时,观察到各岩相页岩微孔比例增加。这表明在 R_o 值为 3.0%～4.0% 的热演化阶段,有机物的气体生成潜力较弱,中孔和大孔的压缩或填充也较弱。

4.1.3 有机孔隙定量分析

在气体吸附实验中,干酪根吸附的气体量远大于潜质页岩吸附的气体量,干酪根的孔体积也明显大于潜质页岩的孔体积。需要说明的是在吸附实验过程中,实验所得的气体吸附量和孔体积等是基于每克样品进行统计计算的。由此说明,单位质量干酪根比单位质量潜质页岩具有更多的孔隙。

牛蹄塘组潜质页岩具有较高的非均质性,前人对牛蹄塘组潜质页岩的平均孔体积进行了研究,本书收集了部分研究中的平均 TOC 含量数据和有机孔体积数据(Cao et al.,2015;Zhu et al.,2020;Zhang et al.,2020;Fu et al.,2021;Ning et al.,2023),结合本研究得到的有机孔体积结果,确定了牛蹄塘组潜质页岩有机孔对全岩孔体积(CRV)的贡献率常数 C_1。CRV 的计算公式为:

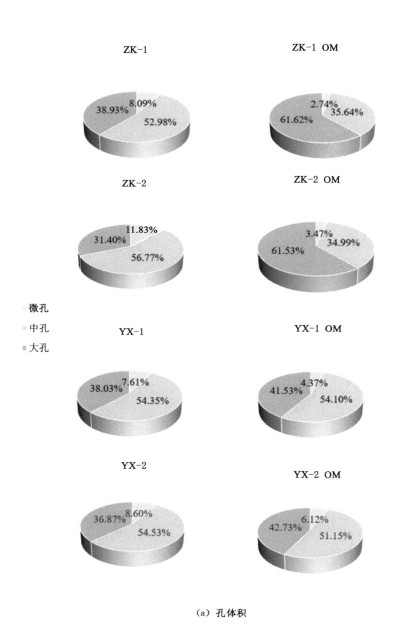

（a）孔体积

图 4-10　贵州牛蹄塘组潜质页岩和干酪根类型分布

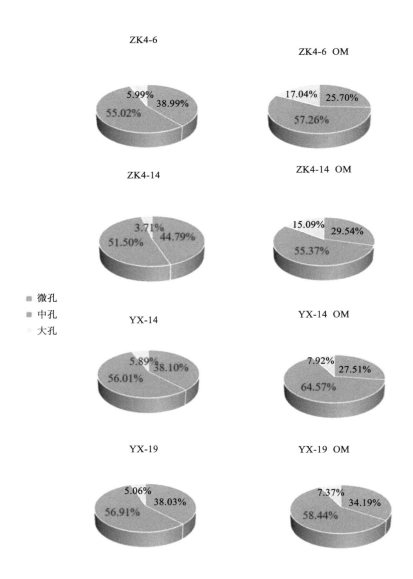

（b）比表面积

图 4-10 （续）

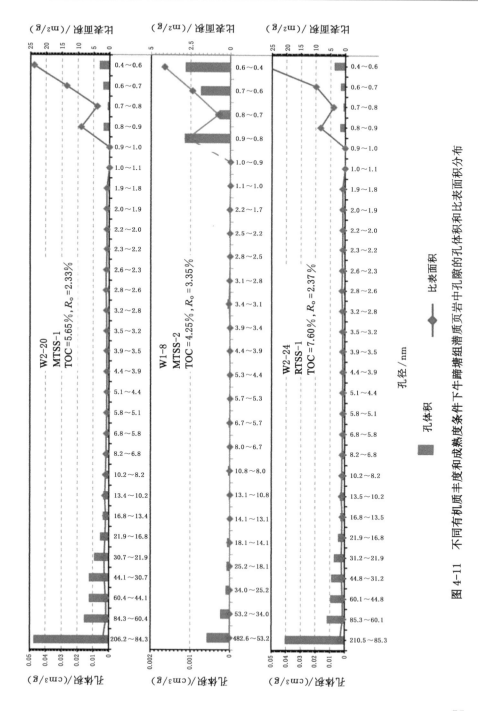

图 4-11　不同有机质丰度和成熟度条件下牛蹄塘组潜质页岩中孔隙的孔体积和比表面积分布

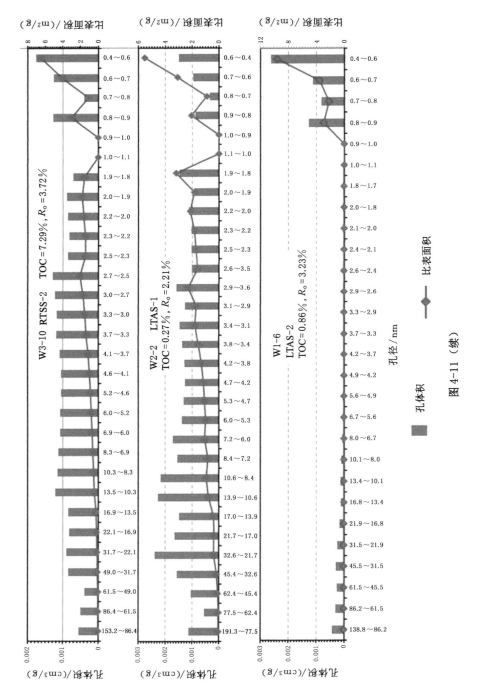

图 4-11（续）

$$CRV = \frac{V_{org} \times TOC}{V_{shl}} \times C_1 \qquad (4\text{-}1)$$

式中,V_{org} 为 1.0 g 干酪根的孔体积;V_{shl} 为 1.0 g 潜质页岩的孔体积;TOC 为潜质页岩的总有机碳含量;C_1 为常数,数值为 0.928 3。

将公式(4-1)应用于 N_2 吸附实验数据(表 4-1),计算结果显示,YX-1、YX-2、ZK-1 和 ZK-2 的 CRV 值分别为 63.20%、64.00%、44.42% 和 40.94%(表 4-2)。根据 N_2 吸附实验数据可以定量表示中孔和大孔。YX 井中孔的 CRV 值为 32.73%～34.19%,为主要孔隙尺寸类型;同时,ZK 井的 CRV 主要由大孔贡献,大孔的 CRV 值为 25.19%～27.37%。根据 CO_2 吸附数据可以定量分析微孔的 CRV 值。计算结果表明,分析样品微孔的 CRV 值为 24.40%～40.59%。此外,不同孔径对 CRV 的贡献也不同,说明在潜质页岩孔隙体系中发育不同孔径的有机孔。

表 4-2　有机孔对孔体积(CRV)的贡献率　　　　单位:%

样品	微孔(N_2 吸附)	中孔(N_2 吸附)	大孔(N_2 吸附)	微孔(CO_2 吸附)	总孔隙($N_2 + CO_2$ 吸附)
YX-1	2.76	34.19	26.25	26.63	54.99
YX-2	3.92	32.73	27.35	24.40	59.39
ZK-1	1.22	15.83	27.37	32.49	41.70
ZK-2	1.42	14.33	25.19	40.59	40.87

此外,潜质页岩有机孔比表面积(CRA)的贡献率可表示为:

$$CRA = \frac{S_{org} \times TOC}{S_{shl}} \times C_2 \qquad (4\text{-}2)$$

式中,S_{org} 为 1.0 g 干酪根的孔隙比表面积;S_{shl} 为 1.0 g 潜质页岩的孔隙比表面积;TOC 为潜质页岩的总有机碳含量;C_2 为常数,数值为 0.930 1。

将公式(4-2)应用于 N_2 吸附数据,结果表明 YX-1、YX-2、ZK-1 和 ZK-2 的 CRA 值分别为 45.51%、43.29%、22.34% 和 17.58%(表 4-3)。在 N_2 吸附中,中孔的 CRA 值最高,且 YX 井的 CRA 值高于 ZK 井的,大孔对 CRA 的贡献不显著。从 CO_2 吸附实验数据看,微孔的 CRA 值较高,其贡献率为 24.40%～45.73%。结果表明,微孔具有较大的孔隙比表面积,中孔的次之,与孔隙越小、孔隙比表面积越大的结论相符。

表 4-3　有机孔对孔隙比表面积(CRA)的贡献率　　　　单位:%

样品	微孔(N_2 吸附)	中孔(N_2 吸附)	大孔(N_2 吸附)	微孔(CO_2 吸附)	总孔隙($N_2 + CO_2$ 吸附)
YX-1	12.52	29.38	3.61	24.40	30.44
YX-2	14.80	25.30	3.19	43.36	43.33
ZK-1	5.74	12.79	3.81	36.00	32.00
ZK-2	5.19	9.74	2.65	45.73	35.10

　　结合 N_2 和 CO_2 吸附实验结果,分析样品中干酪根的 CRV 值和 CRA 值分别为 $40.87\% \sim 59.39\%$ 和 $30.44\% \sim 43.33\%$(表 4-2,表 4-3),说明有机孔是潜质页岩孔隙度的主要贡献者。为了进一步了解有机孔贡献的影响因素,计算了不同岩相干酪根的 CRV 和 CRA 的平均值[图 4-12(a)]。结果表明,硅质页岩中有机孔体积略高于黏土质页岩,但整体差异不显著[图 4-12(b)]。从 CRA 平均值看,硅质页岩的微孔比表面积大于黏土质页岩的微孔比表面积。

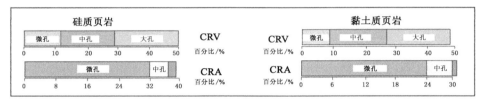

(a) 硅质页岩和泥质页岩微孔、中孔和大孔平均 CRV 和 CRA 值

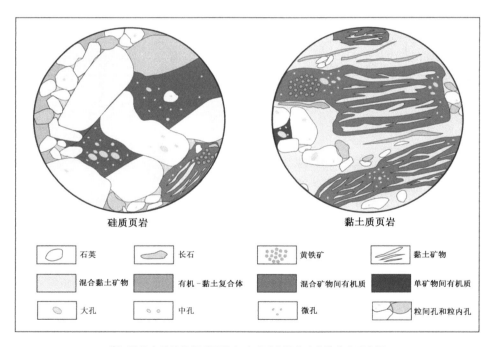

(b) 黔北牛蹄塘组泥质页岩和硅质页岩组成及孔隙分布示意图

图 4-12　不同岩相页岩孔隙发育特征模图

本研究结果和已有文献表明,有机孔对潜质页岩整体孔隙度的贡献为 30%～60%,验证了有机孔是潜质页岩孔隙系统的重要组成部分,这与本研究的结果基本一致(Loucks et al.,2012;Chen et al.,2015;Chen et al.,2019)。较高比例的有机孔可为储气和页岩气吸附提供空间。值得注意的是,潜质页岩的不同矿物组成影响了有机孔的贡献。硅质含量高的潜质页岩比黏土矿物含量高的潜质页岩的有机孔发育程度高。对这一现象的解释为,硅质矿物具有更多的刚性固体颗粒,能够对有机孔起到支撑作用,导致其孔体积整体较大,从而潜质页岩具有较强的气体吸附能力(Curtis et al.,2012;Xia et al.,2021;Ning et al.,2023)。有机孔发育程度随黏土矿物含量的增加而降低,两者呈负相关关系。这可能与黏土矿物易被压实变形、支撑能力差有关。

4.2　海陆过渡相潜质页岩储集物性特征

4.2.1　孔渗性

（1）孔隙类型

与海相潜质页岩相同,海陆过渡相潜质页岩中也发育无机孔、有机孔和微裂缝,利用场发射扫描电镜观察了研究区龙潭组潜质页岩样品中三类孔隙的发育特征(图 4-13)。无机孔主要为粒间孔[图 4-13(a)]、晶间孔[图 4-13(b)、图 4-13(c)]、粒内孔[图 4-13(d)]和溶蚀孔[图 4-13(e),图 4-13(f)]。有机孔包括气孔[图 4-13(g)、图 4-13(h)]和残余胞腔孔[图 4-13(h)],其中以气孔为主,形成于有机质热演化过程中,发育程度和结构特征受有机质类型、有机质丰度和有机质成熟度等因素影响(Zhang et al.,2020;洪剑 等,2020;腾格尔 等,2021),残余胞腔孔为原生有机孔,在成岩过程中多被矿物充填。微裂缝主要包括构造缝[图 4-14(i)]、有机质演化异常压力缝[图 4-14(j)]、成岩收缩缝[图 4-14(k)]和贴粒缝[图 4-14(l)]。

龙潭组海陆过渡相潜质页岩粒间孔孔径在数百纳米到微米级均有分布,孔隙形态多为三角形、多边形、狭缝形等(王羽 等,2015),这类孔隙连通性较好,是游离气的主要赋存场所和渗流通道(Loucks et al.,2009)。矿物粒内孔孔径在数十纳米到微米级均有分布,孔隙形态多为椭圆形、近圆形等,多形成于成岩后生改造作用(王羽 等,2015)。溶蚀孔发育在颗粒内部或边缘,形态多不规则(薛冰 等,2015)。有机孔的孔径分布在几纳米到微米级,形状从椭圆状、气泡状和不规则多边形状均有发育,是固体有机质在热演化过程中降解或者裂解生成液态烃、气态烃而形成的孔隙(杨峰 等,2013)。微裂隙呈长条状,主要是在应力作用下形成的。

龙潭组潜质页岩中无机孔隙主要为黄铁矿晶间孔、黏土矿物晶间孔、溶蚀孔

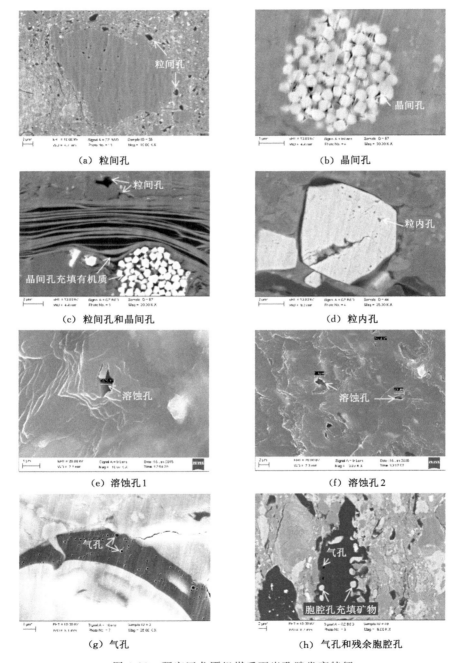

（a）粒间孔

（b）晶间孔

（c）粒间孔和晶间孔

（d）粒内孔

（e）溶蚀孔1

（f）溶蚀孔2

（g）气孔

（h）气孔和残余胞腔孔

图4-13　研究区龙潭组煤系页岩孔隙发育特征

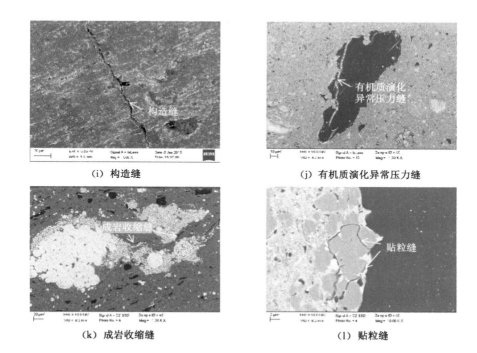

(i) 构造缝　　　　　　　　　　(j) 有机质演化异常压力缝

(k) 成岩收缩缝　　　　　　　　　　(l) 贴粒缝

图 4-13　(续)

等(图 4-14)。其中黏土矿物晶间孔最为常见,多为无序片状、狭缝状或楔形,容易受到外力挤压而产生变形甚至闭合,黏土矿物晶间孔既可以形成连通性较好的网状孔,又可以与其他矿物孔隙连通,形成连通孔隙网络,提高页岩储集和渗透能力(靳雅夕 等,2015)。该潜质页岩样品中黄铁矿多为草莓状,多与有机质伴生,晶体之间孔隙部分被有机质充填,未被充填的部分多呈椭圆状或薄板状。此外,扫描电镜下可见部分黄铁矿被溶蚀,形成溶蚀孔隙。溶蚀孔隙与煤系页岩中的有机酸与矿物之间的溶蚀作用相关,长石是常见的被溶蚀组分,方解石和白云石中孔隙多为溶蚀孔(王玉满 等,2012)。

　　扫描电镜下可观察到研究区龙潭组潜质页岩有机孔隙发育情况不一(图 4-15)。例如,部分有机质中孔隙非常发育,呈蜂窝状或海绵状,单个孔隙形态多为椭圆形或圆形;此外,也有相当数量的有机质整体较致密,不发育孔隙。有机质中孔隙发育程度差异大的原因可能来自两个方面:一是成熟度的影响(赵可英 等,2015),二是有机质类型和有机质丰度的影响(孙寅森 等,2016)。研究区龙潭组潜质页岩孔隙成熟度较低($0.68\% < R_o < 0.95\%$),部分有机质尚未进入热演化生烃阶段,同时生物生气作用阶段也基本停滞,导致有机孔发育较少。

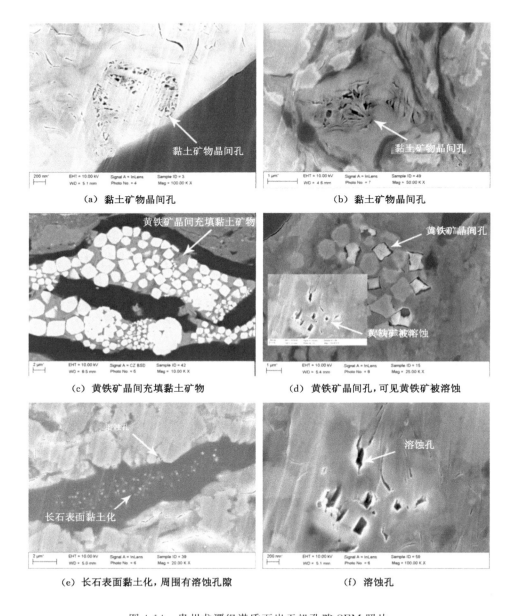

（a）黏土矿物晶间孔   （b）黏土矿物晶间孔

（c）黄铁矿晶间充填黏土矿物   （d）黄铁矿晶间孔，可见黄铁矿被溶蚀

（e）长石表面黏土化，周围有溶蚀孔隙   （f）溶蚀孔

图 4-14　贵州龙潭组潜质页岩无机孔隙 SEM 照片

研究区页岩样品有机质丰度高，有机质与矿物共生现象普遍，可见有机质伴生黏土矿物和黄铁矿（图 4-14，图 4-15），还有有机质包裹大量矿物颗粒。

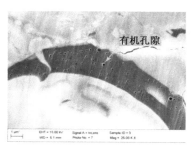

（a）块状有机质，孔隙较发育

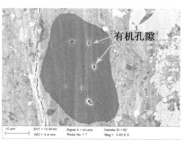

（b）块状有机质，孔隙零星发育 1

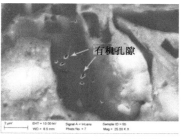

（c）块状有机质，孔隙零星发育 2

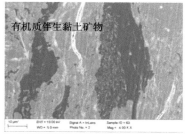

（d）有机质伴生黏土矿物，孔隙不发育

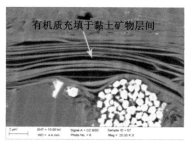

（e）有机质充填于黏土矿物层间

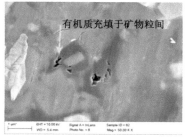

（f）有机质充填于矿物粒间，可见有机孔隙

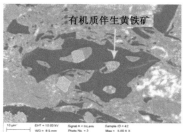

（g）有机质伴生黄铁矿，孔隙不发育

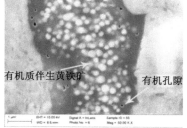

（h）有机质伴生黄铁矿，孔隙发育

图 4-15　贵州龙潭组潜质页岩有机孔隙 SEM 照片

（i）有机质包裹大量矿物，矿物颗粒破碎，可见粒间孔、有机孔隙和裂缝

图 4-15 （续）

贵州龙潭组潜质页岩微裂缝类型多样（图 4-16），包括构造缝、有机质演化异常压力缝、成岩收缩缝和贴粒缝。其中，构造缝是在构造作用力影响下岩石发生破裂形成的裂缝，常与纹层面垂直或者斜交，并可见其切穿矿物颗粒［图 4-16(a)］；有机质演化异常压力缝是在有机质热演化过程中收缩形成的裂缝，其长度往往受有机质形态和大小的影响［图 4-16(d)］；成岩收缩缝是在成岩阶段由于上覆地层的压力和本身失水收缩、干裂或重结晶等作用所产生的裂缝，多平行于纹层面分布［图 4-16(e)］；贴粒缝是流体沿碎屑颗粒边缘流动并溶解早期形成的胶结物、杂基甚至碎屑颗粒后形成于颗粒和填隙物之间的缝隙［图 4-16(f)］。

构造缝矿物粒间孔缝、黏土矿物层间缝、有机质和无机矿物表面的收缩缝、应力作用下形成的连续裂缝等多种类型的微裂缝，反映出潜质页岩成岩演化过程内部作用的复杂性。

（2）孔隙度和渗透率

上二叠统龙潭组潜质页岩密度为 1.85～2.51 g/cm³，平均值为 2.20 g/cm³；孔隙度分布在 0.13%～3.15%，平均为 1.18%，孔隙度低；渗透率为 $0.000\,8\times10^{-3}$～$0.263\,5\times10^{-3}$ μm^2，平均为 $0.029\,1\times10^{-3}$ μm^2，渗透率特低，并且孔隙度与渗透率呈微弱的正相关性。

相比牛蹄塘组潜质页岩，龙潭组潜质页岩的孔隙度较低，而渗透率相对较高。其原因可能是该潜质页岩中晶间孔、粒间孔和有机孔占比较高，而粒内孔占比小（图 4-17），其中晶间孔、粒间孔和有机孔占比分别为 45%、27% 和 12%，总和达到 84%，远高于牛蹄塘组潜质页岩同类孔隙的占比之和（61%，图 4-4），而粒内孔占比为 7%，远低于牛蹄塘组潜质页岩粒内孔占比（22%，图 4-4）。

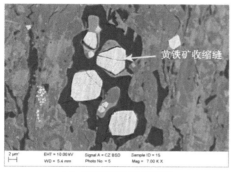

（a）构造缝切穿矿物颗粒　　　　　　（b）成岩收缩缝 1

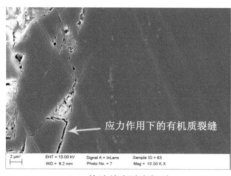

（c）构造缝穿过有机质　　　　　　（d）有机质演化异常压力缝

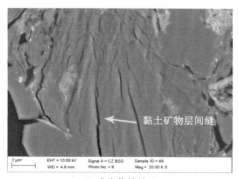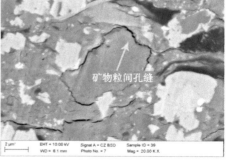

（e）成岩收缩缝 2　　　　　　（f）贴粒缝和成岩收缩缝

图 4-16　研究区煤系页岩微裂缝图

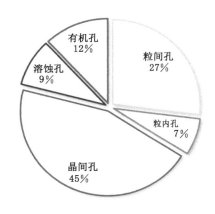

图 4-17　贵州龙潭组潜质页岩不同类型孔隙占比

4.2.2　孔径分布

　　结合氮气吸附和二氧化碳吸附反映龙潭组潜质页岩全岩和干酪根孔隙结构特征,其中氮气吸附/解吸曲线如图 4-18 所示,二氧化碳吸附曲线如图 4-19 所示。

　　全岩样品和干酪根样品的氮气吸附曲线在形态上整体都呈 S 形(图 4-18),属于 IUPAC 定义的 Ⅱ 型等温吸附线。全岩样品脱附曲线在中等压力处形成陡坡,回滞环宽大,表现出 H2 型回线特征,兼有 H3 型回线特征,表明全岩样品孔隙形状以墨水瓶型和狭缝型为主,分析这部分孔隙可能来自页岩中粒间孔和黏土矿物片层状结构(韩向新 等,2007;李全中 等,2017)。干酪根样品吸附曲线与解吸曲线大致重合,显示无回线或回线甚小,表明有机孔隙主要为一端封闭的圆柱形孔,且干酪根样品吸附曲线后段上升速率明显大于全岩样品,证明有机孔隙开放度更大(陈萍 等,2001)。

　　氮气吸附实验反映直径大于 1.7 nm 的孔隙,主要是中孔和大孔,结果显示全岩样品平均孔径为 3.75～15.64 nm(图 4-20),平均值为 8.67 nm,干酪根样品平均孔径为 12.52～18.57 nm,平均值为 15.62 nm。全岩样品比表面积为 0.27～32.80 m²/g,平均值为 13.82 m²/g,干酪根样品比表面积为 2.75～20.30 m²/g,平均值为 6.98 m²/g。全岩样品孔体积为 0.001 0～0.035 1 cm³/g,平均值为 0.017 5 cm³/g,干酪根样品孔体积为 0.007 7～0.091 6 cm³/g,平均值为 0.028 0 cm³/g。

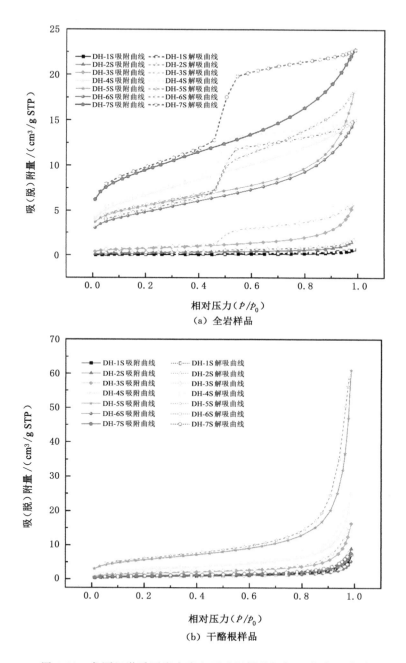

（a）全岩样品

（b）干酪根样品

图 4-18　龙潭组潜质页岩全岩和干酪根样品氮气吸附/解吸曲线

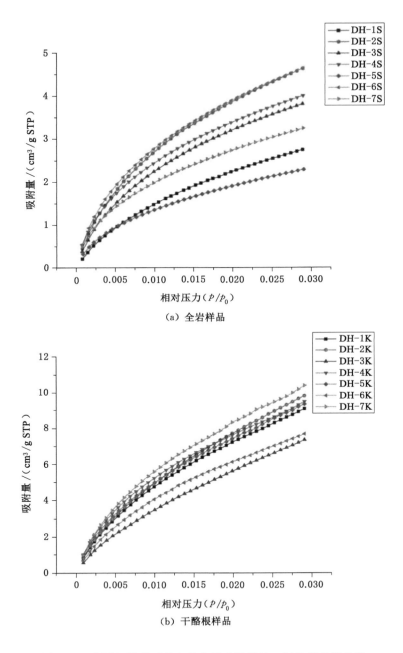

（a）全岩样品

（b）干酪根样品

图4-19　龙潭组潜质页岩全岩和干酪根样品二氧化碳吸附曲线

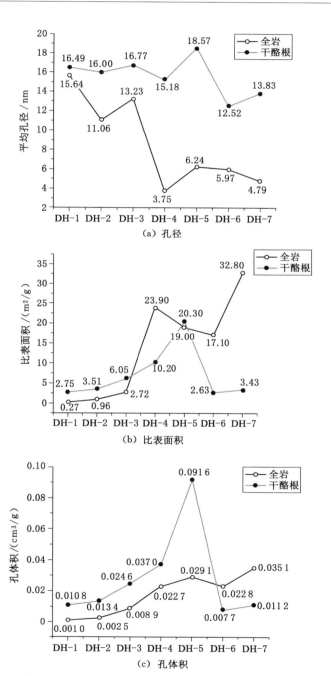

图 4-20　氮气吸附结果反映龙潭组潜质页岩和干酪根孔隙分布

全岩样品和干酪根样品二氧化碳等温吸附曲线类似为 Ⅰ 型等温吸附曲线(图 4-19),干酪根二氧化碳吸附量明显大于全岩二氧化碳吸附量。二氧化碳吸附反映的是 0.35~1.1 nm 孔径范围的微孔,结果显示全岩样品微孔体积分布在 0.003 1~0.006 7 cm³/g(图 4-21),平均值为 0.005 1 cm³/g,比表面积分布在 8.76~18.30 m²/g,平均值为 13.62 m²/g。干酪根微孔体积分布在 0.006 5~0.011 5 cm³/g,平均值为 0.009 8 cm³/g,比表面积分布在 19.60~30.90 m²/g,平均值为 26.71 m²/g。相较于全岩,干酪根微孔发育多,微孔体积和比表面积均较大。原因可能是页岩处于成熟生烃溶蚀阶段($0.7\% < R_o < 1.3\%$),此阶段有机质初次裂解生烃形成大量有机孔,使有机质微孔数量大大增加(张妮 等,2015;赵凌云 等,2023)。

全岩与干酪根的氮气吸附曲线形态存在明显差异(图 4-18),说明:① 有机孔与无机孔的形状和连通性不同,有机孔多为一端封闭的圆柱形孔;② 页岩孔隙中以无机孔为主,因此导致页岩全岩的吸附曲线基本不具有机孔特征。

页岩内部孔隙形状极不规律,孔径大小相差大,通常采用不同孔径范围的孔体积分布参数来表示孔隙分布和发育状况(于炳松,2013)。综合氮气和二氧化碳吸附实验结果,计算全岩和干酪根中不同尺寸孔隙占比。计算结果如图 4-22 所示,全岩样品孔体积介于 0.004 6~0.039 7 cm³/g(表 4-4),平均为 0.022 5 cm³/g,主要由微孔和中孔提供,其中微孔体积占比为 14%~78%,平均为 39%,中孔体积占比为 11%~76%,平均为 49%,大孔体积占比为 5%~21%,平均为 12%。干酪根样品孔体积介于 0.016 5~0.102 0 cm³/g,平均值为 0.041 8 cm³/g,微孔、中孔、大孔对孔体积的贡献度差异不大,其中微孔体积占比为 11%~54%,平均为 36%,中孔体积占比为 21%~41%,平均为 31%,大孔体积占比为 22%~48%,平均为 32%。值得说明的是,干酪根的密度小于页岩的密度,因此相同质量的干酪根与页岩,干酪根的体积远大于页岩的体积,这可能导致干酪根的孔体积比全岩的孔体积大。针对该问题,本书计算单位体积干酪根和页岩中的孔体积,结果:1 cm³ 全岩的孔体积为 0.012 0~0.103 2 cm³(全岩样品孔体积乘以页岩密度 2.6 g/cm³),平均值为 0.058 5 cm³,1 cm³ 干酪根孔体积为 0.026 4~0.163 2 cm³(干酪根样品孔体积乘以干酪根密度 1.6 g/cm³),平均值为为 0.066 9 cm³。

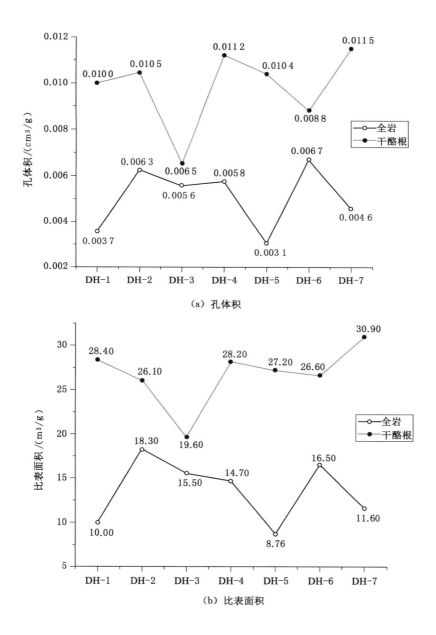

（a）孔体积

（b）比表面积

图 4-21　二氧化碳吸附结果反映龙潭组潜质页岩和干酪根孔隙分布

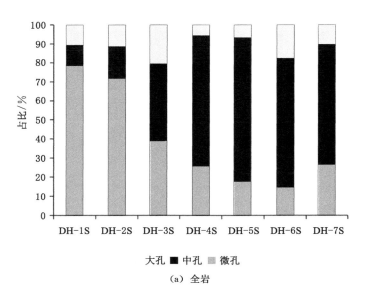

（a）全岩

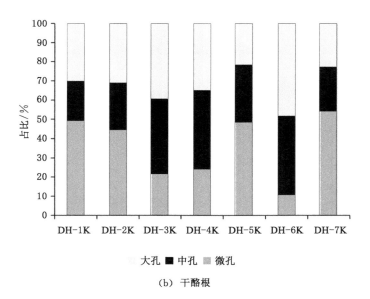

（b）干酪根

图 4-22　龙潭组潜质页岩及干酪根不同尺寸孔隙占比

表 4-4　潜质页岩全岩和干酪根中孔隙体积组成

样品编号	总孔体积 /(cm³/g)	微孔体积 /(cm³/g)	中孔体积 /(cm³/g)	大孔体积 /(cm³/g)
DH-1S	0.004 6	0.003 6	0.000 5	0.000 5
DH-2S	0.008 8	0.006 3	0.001 5	0.001 0
DH-3S	0.014 5	0.005 7	0.005 9	0.003 0
DH-4S	0.028 5	0.007 4	0.019 7	0.001 4
DH-5S	0.039 7	0.006 9	0.030 0	0.002 7
DH-6S	0.032 2	0.004 6	0.022 0	0.005 6
DH-7S	0.029 5	0.007 7	0.018 7	0.003 0
DH-1K	0.046 6	0.023 1	0.009 6	0.014 0
DH-2K	0.023 9	0.010 6	0.005 8	0.007 4
DH-3K	0.031 2	0.006 7	0.012 2	0.012 2
DH-4K	0.048 3	0.011 6	0.020 0	0.016 7
DH-5K	0.023 9	0.011 6	0.007 1	0.005 2
DH-6K	0.102 0	0.011 0	0.041 9	0.049 1
DH-7K	0.016 5	0.008 9	0.003 9	0.003 7

　　根据上述实验和计算结果可以推断,页岩中干酪根对孔隙的贡献率大于矿物的,这与前人研究结果一致(杨永飞 等,2016);全岩孔隙以中孔为主,部分中孔可能会被有机质填充,使得中孔占比降低(Loucks et al.,2007),如样品 DH-1 和 DH-2,TOC 含量高,大量有机质的存在可能会充填部分中孔和大孔。

　　页岩中发育有许多闭合孔隙,即没有与其他孔隙连通、独立存在的孔隙空间。页岩中是否发育闭孔以及闭孔所占的比例等相关问题对于准确评价页岩储量有重要意义。本书采用二氧化碳吸附实验、氮气吸附实验和小角散射实验研究页岩中孔隙发育情况。其中二氧化碳吸附实验反映的是 0.38~1.10 nm 孔径范围内的孔体积,氮气吸附实验反映的是 1.7~200 nm 孔径范围内的孔体积,小角散射实验反映的是 1~100 nm 孔径范围内的孔体积,扣除氮气吸附中大于100 nm 范围内的孔体积,将二氧化碳吸附和氮气吸附得到的气体吸附孔总体积视为小于 100 nm 孔径范围内连通孔体积,将小角散射实验得到的孔体积视为小于 100 nm 孔径范围内整体孔体积,二者的差值近似为闭合孔体积。

　　部分实验结果如表 4-5 所列,全岩样品小于 100 nm 孔径范围内的整体孔体积分布范围为 0.021 31～0.089 04 cm³/g,平均为 0.045 67 cm³/g,其中连通孔体积分布范围为 0.004 38～0.038 53 cm³/g,平均为 0.021 55 cm³/g,闭合孔体积分布范围为 0.003 77～0.061 14 cm³/g,平均为 0.024 12 cm³/g。干酪根样品小于 100 nm 孔径范围内的整体孔体积分布范围为 0.046 50～2.664 51 cm³/g,平均为 0.613 19 cm³/g,其中连通孔孔体积分布范围为 0.014 84～0.078 34 cm³/g,平均为 0.030 61 cm³/g,闭合孔孔体积分布范围为 0.021 80～2.586 17 cm³/g,平均为 0.582 58 cm³/g。全岩和干酪根样品中均发育有大量闭合孔隙,干酪根样品整体孔隙发育优于全岩的,其中干酪根样品闭合孔体积远大于全岩样品闭合孔体积,推测页岩中的闭合孔隙应当主要来自有机质。

表 4-5　龙潭组海陆过渡相潜质页岩整体孔体积发育特征

样品编号	连通孔体积 /(cm³/g)	闭合孔体积 /(cm³/g)	整体孔体积 /(cm³/g)
DH-1S	0.004 38	0.033 80	0.038 18
DH-2S	0.008 36	0.012 95	0.021 31
DH-3S	0.013 43	0.025 43	0.038 86
DH-4S	0.027 90	0.061 14	0.089 04
DH-5S	0.029 97	0.023 23	0.053 20
DH-6S	0.028 28	0.003 77	0.032 05
DH-7S	0.038 53	0.008 50	0.047 03
DH-1K	0.017 06	0.150 46	0.167 52
DH-2K	0.019 65	0.182 34	0.201 99
DH-3K	0.024 70	0.021 80	0.046 50
DH-4K	0.039 26	0.785 77	0.825 03
DH-5K	0.078 34	2.586 17	2.664 51
DH-6K	0.014 84	0.143 06	0.157 90
DH-7K	0.020 40	0.208 47	0.228 87

　　研究区龙潭组海陆过渡相潜质页岩全岩样品和干酪根样品中连通孔隙和闭合孔隙占比如图 4-23 所示,全岩样品中连通孔隙占比分布在 11%～88%,平均为 49%,闭合孔隙占比分布在 12%～89%,平均为 51%。干酪根样品中连通孔隙占比分布在 3%～47%,平均为 17%,闭合孔隙占比分布在 53%～97%,平均

为 83%。全岩样品中连通孔隙与闭合孔隙占比整体相当,但干酪根样品中孔隙
多为闭合孔隙,表明在热成熟过程中,随着孔隙数量和孔总体积的增大,有机质
颗粒内部形成了大量闭合孔隙。

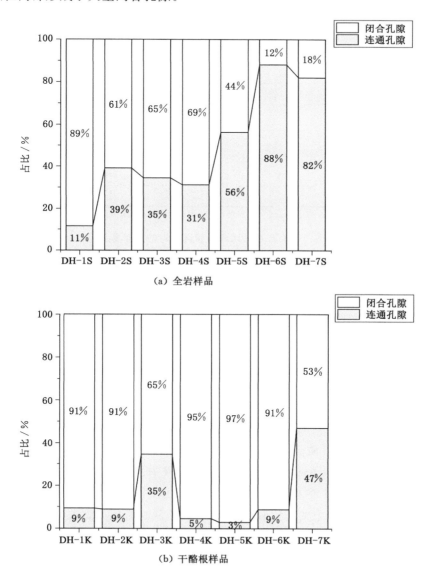

图 4-23　龙潭组潜质页岩和干酪根样品闭合孔隙和连通孔隙占比

4.2.3 有机孔隙定量分析

基于 4.1.3 小节中 CRV 值和 CRA 值的计算方法,计算得到龙潭组潜质页岩样品 CRV 值和 CRA 值分别如表 4-6、表 4-7 所列。

表 4-6 有机孔对孔体积(CRV)的贡献率 单位:%

样品	大孔	中孔	微孔
DS-19	13.21	10.37	18.96
DS-27	7.42	7.37	4.08
DS-36	5.81	6.94	4.02
DS-45	8.22	7.02	1.84
DS-69	0.21	0.22	0.50
DS-75	0.33	0.45	0.74

表 4-7 有机孔对孔比表面积(CRA)的贡献率 单位:%

样品	大孔	中孔	微孔
DS-19	0.27	1.45	17.96
DS-27	0.28	1.72	7.98
DS-36	0.21	1.73	6.65
DS-45	0.01	0.12	1.60
DS-69	0.45	2.37	4.66
DS-75	0.01	0.07	1.17

从计算的有机孔隙贡献率可以看出,牛蹄塘组潜质页岩的 CRV 值和 CRA 值均明显高于龙潭组潜质页岩的 CRV 值和 CRA 值(表 4-6,表 4-7,图 4-24,图 4-25)。这表明 Ⅰ 型干酪根的孔隙比 Ⅲ 型干酪根的孔隙更发育,据此推断,研究区潜质页岩中,随着 Ⅰ 型和 Ⅱ 型干酪根含量在页岩中增加,有机孔隙的发育程度及其在全岩孔隙系统中的占比应当增大。同时,除有机质类型差异外,由于有机质热演化阶段不同和潜质页岩的强非均质性,同一类型有机质的孔隙发育程度以及其对全岩孔隙的贡献度存在差异。

为了进一步讨论不同潜质页岩中有机质的孔径分布特征,结合 IUPAC 的孔隙类型划分方案,分别计算了有机质微孔、中孔和大孔对全岩孔隙的贡献。牛蹄塘组潜质页岩有机质中孔是页岩孔体积的主要贡献者,其次是大孔;有机质微

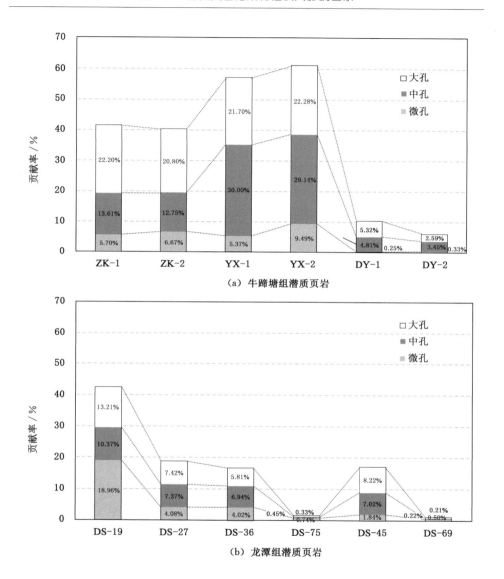

图 4-24　有机孔隙对孔体积的贡献率(CRV)

孔是页岩孔隙比表面积的主要贡献者,其次是中孔。龙潭组潜质页岩中微孔、中孔、大孔对潜质页岩整体孔体积的贡献率相差不大,微孔对孔隙比表面积的贡献远大于中孔和大孔对孔隙比表面积的贡献。

　　不同孔径有机孔的占比反映了页岩气藏的生烃能力和储烃能力(Jarvie et

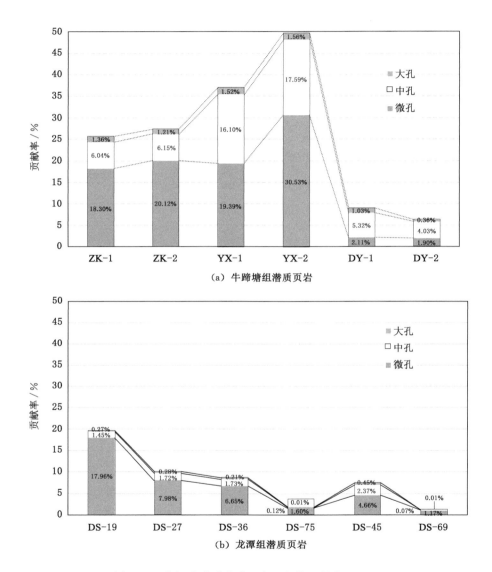

图 4-25　有机孔隙对孔隙比表面积的贡献率(CRA)

al.,2007;Slatt et al.,2011)。具体而言,干酪根中微孔提供了大量的比表面积,并可以作为气体的吸附位点(Ross et al.,2009b;Chalmers et al.,2018)。本书研究表明,牛蹄塘组潜质页岩大多数样品的干酪根比表面积占潜质页岩比表面积的 1/3 以上,主要通过其微孔和中孔网络为气体吸附提供了大量的吸附位点。

相反,在龙潭组潜质页岩中,干酪根比表面积在全岩比表面积中所占比例相对较小。

4.3　潜质页岩储集物性影响因素

4.3.1　海相潜质页岩储集物性影响因素

已有文献报道,有机质类型、有机质丰度、有机质成熟度和矿物类型等是影响有机孔结构特征的主要因素(Bernard et al.,2012;腾格尔 等,2021,聂海宽等,2022)。不同有机质类型的有机孔发育具有一定的差异,有机质类型为Ⅰ型或Ⅱ型时,孔隙发育较好(Loucks et al.,2012;Yang et al.,2017),但对于有机孔发育的主要载体(干酪根和沥青)仍然存在较大的争论。有机质丰度对有机孔也具有一定的控制作用,有机质丰度越高,有机孔发育空间越大,因此有机孔对全岩孔隙的贡献度也更大。此外,有研究表明能够形成良好的三维连通孔隙网络的页岩往往需要具有较高的有机碳含量(Nie et al.,2016;Jia et al.,2018)。有机孔随着热演化程度升高呈阶段性变化,例如,未成熟阶段,有机孔发育较好;成熟阶段,有机孔体积呈先增加后减少的演化特征;高成熟阶段,有机孔显著增加;过成熟阶段,有机孔随成熟度继续增加演化规律较复杂,目前尚无定论(图 4-2,Curtis et al.,2012;Löhr et al.,2015;宋岩 等,2020;Wang et al.,2021),到过成熟阶段后期,有机质发生强烈的炭化(或称石墨化)作用,有机孔减少(冯光俊,2020;侯宇光 等,2021;王玉满 等,2022;Xue et al.,2022)。页岩的矿物类型、刚性矿物格架和有机黏土复合体对有机孔的发育和保存有着重要作用(孙川翔等,2019;王红岩 等,2021;蒋恕 等,2022)。例如,黏土矿物、黄铁矿等矿物晶体之间常发育大量孔隙;石英、长石等脆性矿物常组成页岩刚性颗粒骨架,能够有效支撑上覆地层,避免孔隙受上覆压力影响而闭合。

本研究中,贵州牛蹄塘组潜质页岩样品均为富有机质页岩,干酪根类型为Ⅰ型,R_o值普遍大于 3.0%,属于高成熟—过成熟阶段,有机质发育大量的孔隙,但有机孔发育的非均质性较强。该潜质页岩矿物组成以石英、黏土矿物为主,不同矿物组成和结构对页岩孔隙发育特征也存在较明显影响。

(1)有机孔与有机质成熟度的关系

有机质成熟度是决定有机孔发育程度的关键因素之一,本章 4.1.1 小节已分析了有机孔随有机质热演化的变化特征和机理(图 4-2)。从图中可以看出,在有机质热演化过程中,有机孔发生多个阶段复杂而有规律的变化,但由于影响有机孔发育的因素较多,特定样品的有机孔演化过程往往具有其特殊性。

贵州牛蹄塘组潜质页岩受埋藏深、地层年代老等因素影响,其成熟度普遍过高,属于高成熟—过成熟富有机质页岩,其中成熟度介于 $2.0\%\sim4.0\%$ 的页岩占比达到 80%(图 3-6)。如图 4-26 所示,在成熟度 $2.0\%\sim4.0\%$ 范围内,该潜质页岩孔隙度和渗透率均与有机质成熟度有明显相关性,整体上孔隙度和渗透率均随成熟度的升高而增加,尤其是成熟度在 $3.0\%\sim4.0\%$ 区间的页岩,其孔隙度和渗透率远高于成熟度在 $2.0\%\sim3.0\%$ 区间的页岩。这一结果与前人研究结论符合,例如,姜振学等(2020)对过成熟海相页岩的热模拟实验结果显示,有机孔在 R_o 值为 3.33% 处发生一次转折,即当 R_o 值为 $2.33\%\sim3.33\%$ 时,孔体积和比表面积均随成熟度升高而增大;当 R_o 值为 $3.33\%\sim4.00\%$ 时,孔隙发育程度和连通性均随成熟度的升高而减小。此外,Wang 等(2018)结合四川盆地及其周缘下古生界海相页岩、北美 Woodford 页岩地质参数,发现当 R_o 值为 $2.0\%\sim3.4\%$ 时,页岩物性稳定且正常,孔隙度为 $3.8\%\sim6.0\%$;当 R_o 值为 $3.4\%\sim3.5\%$ 时,孔隙度出现大幅度波动和急剧下降,波动范围为 $2.5\%\sim5.0\%$;当 R_o 值为 $3.5\%\sim4.2\%$ 时,孔隙度普遍低于 2.5%,仅为正常水平的 $1/4\sim1/2$。这些研究结果表明,页岩有机孔随成熟度的演化趋势在 R_o 值为 3.5% 附近发生了一次转折,导致页岩储层物性发生明显变化,从而改变页岩气的赋存状态和储层的储集能力,同时也表明,过成熟页岩同样可以具有较好的储集物性和运移能力,

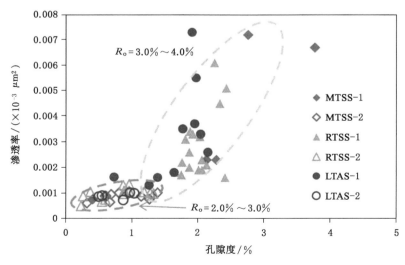

图 4-26　牛蹄塘组潜质页岩有机质成熟度与页岩渗透率关系

页岩物性在过成熟阶段的演化规律值得深入研究。这种转折应是有机质炭化作用带来的(Wang et al.,2018;Hou et al.,2019;Xue et al.,2022;王玉满 等,2022;张琴 等,2022),但转变特征和机制还不明确,因此,开展有机质炭化阶段分析,从分子结构角度研究炭化前后有机孔演化特征及机制,是对页岩自然样品和热模拟实验的补充,有助于深入认识过成熟阶段页岩有机孔演化规律。

为了进一步认识牛蹄塘组潜质页岩在成熟度 2.0%～4.0%阶段的孔隙变化特征,分析了该阶段内不同成熟度样品微孔、中孔和大孔随成熟度变化的关系(图 4-27)。结果显示,在该成熟度范围内,潜质页岩中的中孔和微孔均随成熟度升高而显著增加,而大孔的增加不明显甚至出现降低的情况,说明孔隙增加的主要原因是中孔和微孔增加了,而中孔和微孔的增加,其原因可能是在该成熟度范围内,液态烃发生二次裂解生成气态烃,释放了部分孔隙空间,而释放的这部分孔隙以微孔和中孔为主(姜振学 等,2020)。

图 4-28(a)显示了牛蹄塘组潜质页岩有机质成熟度与孔隙分形维数的关系,可以发现,牛蹄塘组潜质页岩的分形维数 D_1 随有机质成熟度的增加而增加,分形维数 D_2 随有机质成熟度的增加而先增大后减小。这些结果表明,在过成熟阶段,随着有机质成熟度继续增加,潜质页岩孔隙结构的复杂程度发生明显变化。其中,孔隙表面的粗糙度非均质性随有机质成熟度增加而增大,孔隙结构非均质性则随有机质成熟度增加而先增大后减小,反映过成熟阶段页岩孔隙演化特征存在转折点。当有机质成熟度低于该转折点时,随成熟度增加,微孔、中孔发育程度增大,大孔变化不明显,导致孔隙结构非均质性增强;当有机质成熟度高于该转折点时,随成熟度的继续增加,孔隙整体有减少的趋势(姜振学 等,2020),导致孔隙结构非均质性有所减弱。本研究还对从牛蹄塘组潜质页岩中提取的干酪根开展了分形维数与有机质成熟度的相关性分析,结果如图 4-28(b)所示,表现出与潜质页岩全岩样品分析结果一样的特征,说明潜质页岩中有机质热演化带来的有机质表面官能团组成、性质的改变以及孔隙结构的变化是造成页岩孔隙表面粗糙度和孔隙结构变化的主因。

(2) 有机孔与页岩有机质丰度的关系

有机质是潜质页岩的重要组成部分,是有机孔的载体。有机质相比无机矿物其孔隙更为发育,因此,通常潜质页岩中 TOC 含量越高,页岩孔隙发育程度越好。然而,也有研究表明,尽管高 TOC 含量有利于页岩中孔隙的发育,但有机质丰度并非越高越好,有机质丰度存在临界值,当 TOC 含量超过该临界值时,随着 TOC 含量的继续增加,孔体积开始减少。例如,Milliken 等(2013)指出

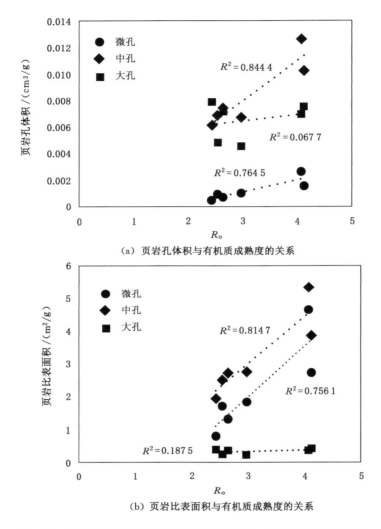

（a）页岩孔体积与有机质成熟度的关系

（b）页岩比表面积与有机质成熟度的关系

图 4-27　牛蹄塘组潜质页岩不同尺寸孔体积与有机质成熟度的关系

当 Marcellus 页岩中 TOC 含量低于 5.6％时，随着 TOC 含量升高页岩孔隙增加；当 Marcellus 页岩 TOC 含量高于 5.6％时，随 TOC 含量的继续升高页岩孔隙开始减少。腾格尔等（2021）针对黔北地区 HY1 井页岩样品的研究表明，当页岩 TOC 含量低于 6.0％时，页岩孔隙发育程度随 TOC 含量升高而升高；当页岩 TOC 含量高于 6.0％时，页岩孔隙发育程度随 TOC 含量继续升高而降低。本书研究区牛蹄塘组潜质页岩孔体积和比表面积与 TOC 含量的关系如图 4-29

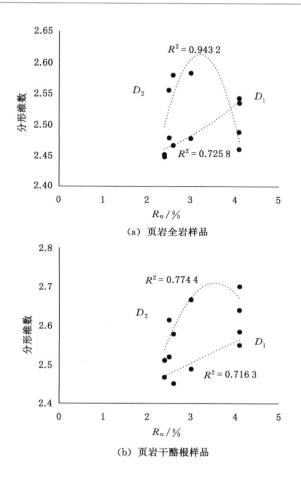

图 4-28　牛蹄塘组潜质页岩孔隙分形维数与有机质成熟度的相关性

所示,孔体积与 TOC 含量关系不明显,比表面积与 TOC 含量呈正相关关系。这一现象与页岩孔隙发育特征相符,高有机质丰度导致 TOC 含量塑性增加,刚性矿物格架和流体压力的支撑不够,从而导致有机孔减少,孔隙度降低,该结论通过 TOC 含量与不同尺寸孔体积和比表面积的关系图(图 4-30)能够更好地得到证明。如图 4-30 所示,研究区牛蹄塘组潜质页岩 TOC 含量与微孔体积、中孔体积呈正相关关系;与大孔体积呈负相关关系。原因可能是,该潜质页岩中有机质本身能够发育大量微孔和中孔,可以为潜质页岩提供这两类不同尺寸孔隙,导致 TOC 含量与两类孔隙发育程度呈正相关关系。此外,有机质的存在会充填或堵塞部分大孔(如黏土矿物晶间孔、粒间孔、微裂隙等),导致 TOC 含量与大孔发育程度呈负相关关系。

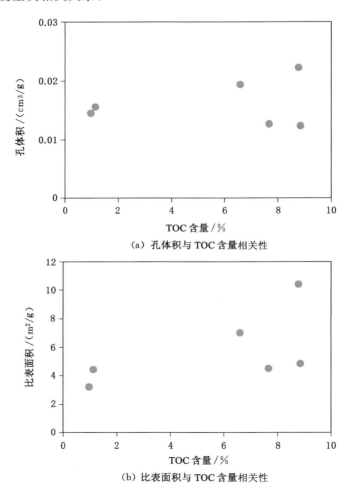

图 4-29　牛蹄塘组潜质页岩孔体积、比表面积与 TOC 含量相关性

　　牛蹄塘组潜质页岩分形维数与有机质丰度的相关性如图 4-31 所示，分形维数 D_1［图 4-31(a)］和 D_2［图 4-31(b)］与 TOC 含量均呈明显的正相关关系，说明随着 TOC 含量增加，页岩孔隙结构非均质性和表面结构非均质性均逐渐增大。导致这一结果的原因可能是页岩各组分中，有机质是表面结构和孔隙结构比较复杂的组分，因此是页岩中非均质性较强的组分，随着 TOC 含量的增加，页岩分形维数逐渐增大。

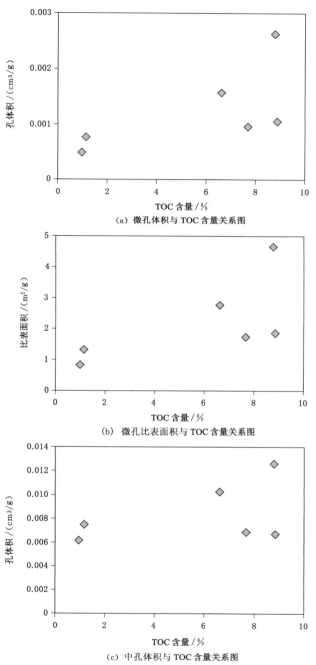

（a）微孔体积与 TOC 含量关系图

（b）微孔比表面积与 TOC 含量关系图

（c）中孔体积与 TOC 含量关系图

图 4-30　牛蹄塘组潜质页岩不同尺寸孔体积和比表面积与 TOC 含量关系图

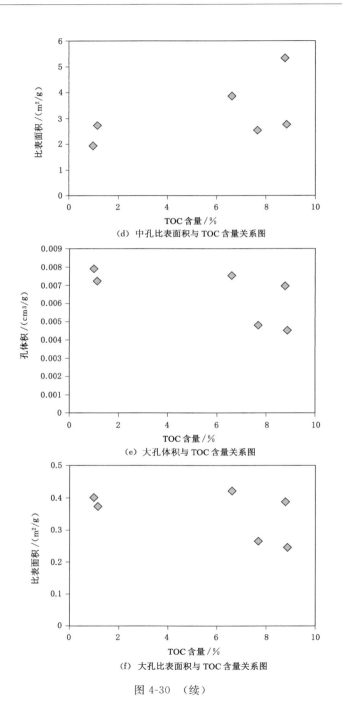

（d）中孔比表面积与 TOC 含量关系图

（e）大孔体积与 TOC 含量关系图

（f）大孔比表面积与 TOC 含量关系图

图 4-30 （续）

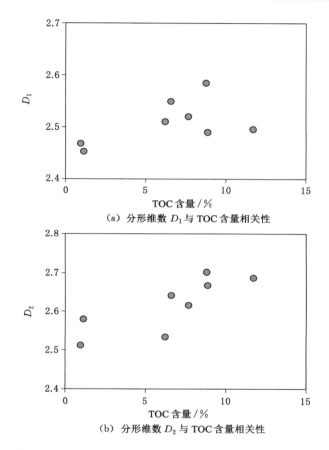

（a）分形维数 D_1 与 TOC 含量相关性

（b）分形维数 D_2 与 TOC 含量相关性

图 4-31　牛蹄塘组潜质页岩分形维数与有机质丰度的相关性

　　综合上述分析可以发现,有机质成熟度和有机质丰度是影响页岩孔隙发育的重要因素(图 4-32)。贵州牛蹄塘组潜质页岩 TOC 含量高、成熟度高,对于这类富有机质、过成熟页岩,孔隙随 TOC 含量、有机质成熟度变化关系整体表现为:a. TOC 含量增加,页岩内中孔、微孔增加,大孔减少;b. 成熟度增加,页岩孔隙发育程度有升高趋势,在 R_o 值为 3.5％附近出现转折点,当 R_o 值大于 3.5％时,页岩中孔隙开始减少。除了有机地球化学因素,矿物组成也是影响页岩孔隙发育的重要因素。

　　（3）孔隙与矿物类型的关系

　　在页岩的成岩过程中,矿物类型和结构影响着页岩孔隙结构特征。矿物对页岩孔隙结构的影响主要体现在两个方面:一方面是矿物内部或者矿物之间会

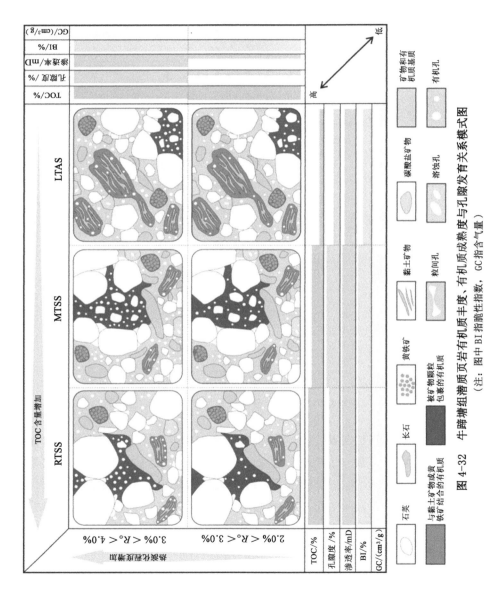

图 4-32　牛蹄塘组潜质页岩有机质丰度、有机质成熟度与孔隙发育关系模式图
（注：图中 BI 指脆性指数，GC 指含气量）

形成孔隙,因此矿物即孔隙(主要是无机孔)的载体;另一方面是矿物颗粒骨架对页岩内孔隙具有一定程度的支撑保护作用(赵凌云 等,2023)。

通过扫描电镜观察牛蹄塘组潜质页岩,可以发现该潜质页岩成岩过程中受压实作用的影响,塑性较强的矿物(黏土矿物)和有机质往往呈条带状,控制着孔隙的发育。而在具有较多刚性矿物的潜质页岩样品中,能观察到发育较多的粒间孔和有机孔,可以看出刚性矿物能增加页岩的抗压能力,使孔隙在成岩作用过程中得以保存。

为了探究有机孔发育与矿物类型之间的关系,将页岩中常见的矿物类型分为刚性较强的长英质矿物、碳酸盐矿物、黄铁矿和塑性较强的黏土矿物。图 4-33 显示潜质页岩全岩和潜质页岩中干酪根的孔隙发育特征与不同矿物类型之间存在的相关性。整体上,贵州牛蹄塘组潜质页岩和干酪根的比表面积和孔体积与刚性矿物中长英质矿物、碳酸盐矿物、黄铁矿和塑性较强的黏土矿物没有显著的相关性。

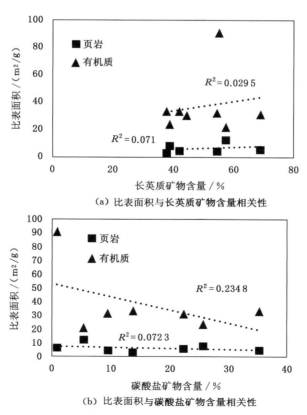

图 4-33　贵州牛蹄塘组潜质页岩和有机质与不同类型矿物含量的相关性

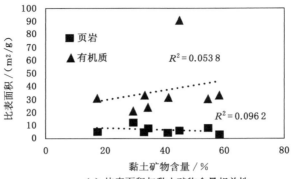

（c）比表面积与黏土矿物含量相关性

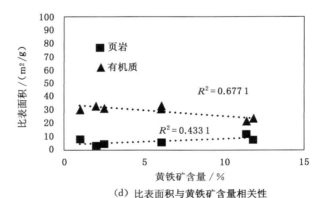

（d）比表面积与黄铁矿含量相关性

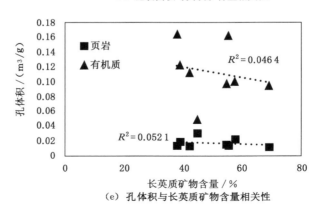

（e）孔体积与长英质矿物含量相关性

图 4-33 （续）

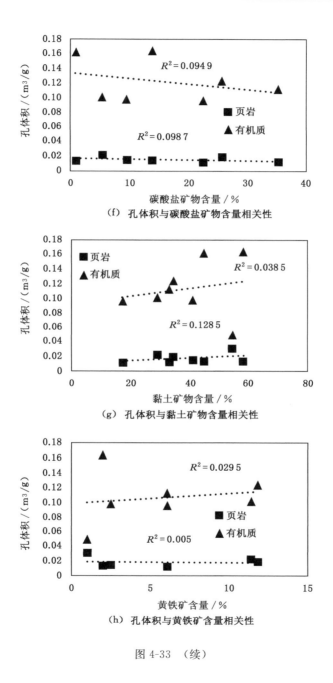

（f）孔体积与碳酸盐矿物含量相关性

（g）孔体积与黏土矿物含量相关性

（h）孔体积与黄铁矿含量相关性

图 4-33　（续）

进一步探究不同尺寸孔隙与矿物类型的相关性,相关系数 R^2 介于 0～1,根据统计学中分类,当 $R^2<0.3$ 时,相关性较弱,当 R^2 介于 0.3～0.5 时,相关性中等,当 $R^2>0.5$ 时,相关性良好。从图 4-34 中可以发现,在干酪根孔隙中,干酪根微孔和大孔的比表面积和孔体积与长英质矿物存在较好的相关性。其中,干酪根微孔的比表面积和孔体积与长英质矿物含量存在正相关关系,大孔的孔隙比表面积和孔体积与长英质矿物含量存在负相关关系,而中孔比表面积与长英质矿物含量之间的相关性不明显,仅在孔体积与长英质矿物含量之间存在较弱的负相关关系;而潜质页岩孔隙系统中,微孔、中孔的比表面积和孔体积与长英质矿物含量之间不存在明显相关性,仅大孔的比表面积和孔体积与长英质矿物含量之间存在较弱的负相关关系。由此可见,潜质页岩全岩孔隙系统中,潜质页岩孔隙的发育程度与长英质矿物含量的相关性不明显,但干酪根中有机孔发育程度与长英质矿物含量存在较明显的相关关系,其原因可能是长英质矿物多为刚性矿物颗粒,具有抗压保孔的能力,有机质可赋存于长英质矿物颗粒之间形成互裹状有机质或充填状有机质(图 4-35),在长英质矿物颗粒的保护下,有机孔发育受到压力作用的影响将会减弱(聂海宽 等,2017;陈前 等,2021;陈洋 等,2022),因此,有机质微孔随着长英质矿物含量的增加而增加。

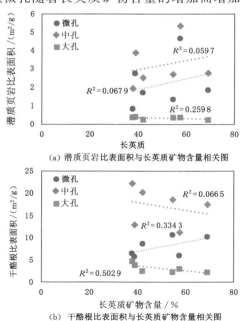

(a) 潜质页岩比表面积与长英质矿物含量相关图

(b) 干酪根比表面积与长英质矿物含量相关图

图 4-34　黔北牛蹄塘组潜质页岩全岩和干酪根孔隙发育特征与长英质矿物含量的相关性

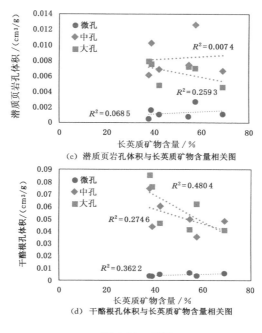

（c）潜质页岩孔体积与长英质矿物含量相关图

（d）干酪根孔体积与长英质矿物含量相关图

图 4-34　（续）

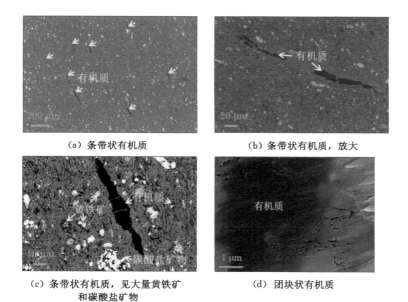

（a）条带状有机质

（b）条带状有机质，放大

（c）条带状有机质，见大量黄铁矿
　　和碳酸盐矿物

（d）团块状有机质

图 4-35　牛蹄塘组潜质页岩有机质赋存状态扫描电镜照片

（e）团块状有机质被矿物颗粒包裹

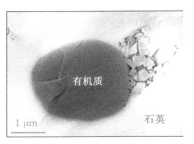

（f）团块状有机质被石英包裹

（g）填隙状有机质，与黄铁矿、
黏土矿物伴生

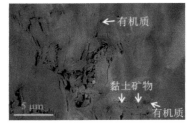

（h）填隙状有机质，有机黏土复合体

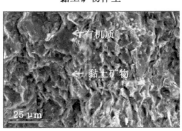

（i）填隙状有机质

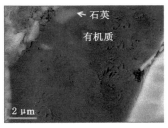

（j）互裹状有机质，有机质包裹石英

（k）互裹状有机质，有机质与
块状黄铁矿互裹

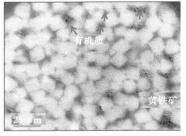

（l）互裹状有机质，有机质与
草莓状黄铁矿互裹

图 4-35 （续）

在潜质页岩孔隙系统中,微孔、中孔的比表面积和孔体积与黄铁矿含量之间存在良好的正相关关系,大孔的比表面积和孔体积与黄铁矿含量之间的相关性较弱(图 4-36)。黄铁矿通常以单晶和草莓状多晶形式在成岩过程中发育,在黔北地区的牛蹄塘组潜质页岩样品中,发现了大量的草莓状黄铁矿,大量草莓状黄铁矿晶体内常发育晶间孔隙,主要呈微孔和中孔[图 4-35(l)]。因此,当草莓状黄铁矿含量增加时,大量的微孔和中孔能够提供丰富的比表面积和孔体积;在有机孔中,干酪根的微孔、中孔的比表面积和孔体积与黄铁矿含量之间存在负相关关系,大孔的比表面积和孔体积与黄铁矿含量之间相关性较弱。其原因可能是有机质能和草莓状黄铁矿之间形成互裹状有机质的赋存形态[图 4-35(k)、图 4-35(l)],但是当黄铁矿含量增大时,挤压了有机孔的发育空间,因此随着黄铁矿含量的增加,有机质的微孔和中孔减少。在另一种刚性矿物类型碳酸盐矿物中并未发现与潜质页岩全岩孔隙和有机孔有明显的关系,这是由于碳酸盐矿物在沉积形成过程中,主要是次生结晶矿物自行形成发育晶体,与其他矿物颗粒之间整合紧密结合接触,孔隙基本不发育(图 4-37)。

潜质页岩孔隙与黏土矿物的关系如图 4-38 所示,微孔的比表面积和孔体积与黏土矿物含量之间呈较弱的负相关关系,中孔的比表面积与黏土矿物含量呈弱的负相关关系,但中孔的孔体积与黏土矿物含量的相关性不显著,大孔的比表面积、孔体积与黏土矿物含量呈中等到良好的正相关关系。前人研究发现,与黏土矿物含量相关的孔隙通常为中孔和大孔,但是由于黏土矿物存在片层结构,同样能够提供丰富的比表面积(Sander et al.,2018;夏鹏 等,2019),随着黏土矿物含量的增加,微孔的比表面积和孔体积减小,中孔的比表面积减小,大孔的比表面积和孔体积增加,而中孔孔体积的变化规律不明显。干酪根中有机孔与黏土矿物含量的关系表现为:干酪根微孔的比表面积和孔体积与黏土矿物含量呈负相关关系,中孔的孔体积以及大孔的比表面积和孔体积与黏土矿物含量呈正相关关系,可能的原因是有机质通常吸附在黏土矿物表面,形成有机黏土复合体,黏土矿物的存在能够促进有机质的生烃演化,增加孔隙的形成速率和形成数量。

牛蹄塘组潜质页岩的分形维数随黏土矿物含量的增加而减小,龙潭组潜质页岩的分维数随黏土矿物质含量的增加而增加[图 4-39(a)]。不同类型黏土矿物的性质、产状和孔径明显不同,对页岩储层的孔隙结构有不同程度的影响(Loucks et al.,2009;Wang et al.,2020)。根据本研究中进行的 XRD 黏土矿物分析,观察到伊利石是牛蹄塘组潜质页岩中的主要黏土矿物,其次是绿泥石(见第 5 章),龙潭组潜质页岩中的主要黏土矿物是高岭石。已有研究表明,不同类型黏土矿物的吸附能力存在差异(Ross et al.,2009b;唐书恒 等,2014),与伊蒙混层、高岭石、绿泥石、伊利石相比,蒙脱石表现出更高的吸附能力(吉利明 等,

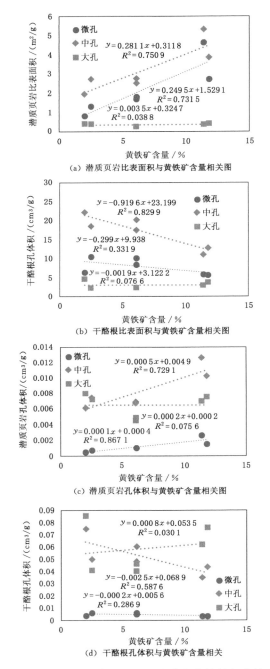

（a）潜质页岩比表面积与黄铁矿含量相关图

（b）干酪根比表面积与黄铁矿含量相关图

（c）潜质页岩孔体积与黄铁矿含量相关图

（d）干酪根孔体积与黄铁矿含量相关

图 4-36　牛蹄塘组潜质页岩全岩和干酪根孔隙发育特征与黄铁矿含量相关性

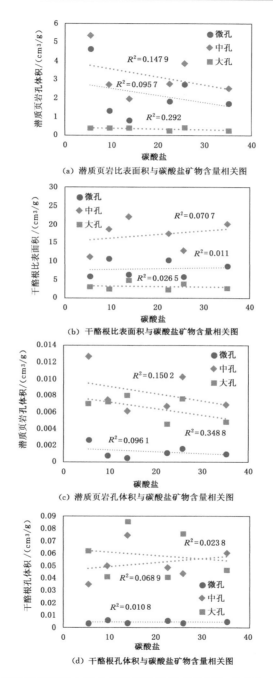

(a) 潜质页岩比表面积与碳酸盐矿物含量相关图

(b) 干酪根比表面积与碳酸盐矿物含量相关图

(c) 潜质页岩孔体积与碳酸盐矿物含量相关图

(d) 干酪根孔体积与碳酸盐矿物含量相关图

图 4-37　牛蹄塘组潜质页岩全岩和干酪根孔隙发育特征与碳酸盐矿物含量相关性

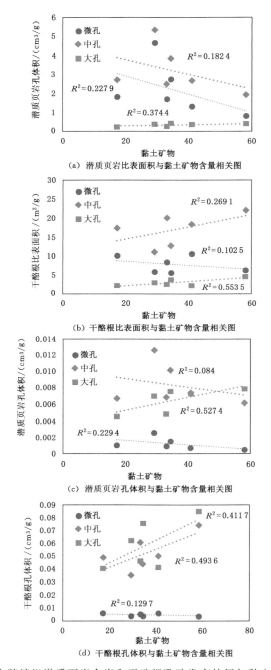

（a）潜质页岩比表面积与黏土矿物含量相关图

（b）干酪根比表面积与黏土矿物含量相关图

（c）潜质页岩孔体积与黏土矿物含量相关图

（d）干酪根孔体积与黏土矿物含量相关图

图 4-38　贵州牛蹄塘组潜质页岩全岩和干酪根孔隙发育特征与黏土矿物含量相关性

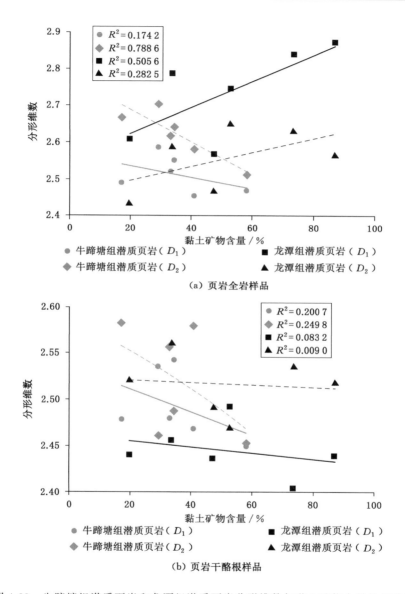

图 4-39　牛蹄塘组潜质页岩和龙潭组潜质页岩分形维数与黏土矿物含量的相关性

2012)。在干酪根分形维数与黏土矿物含量的关系中，牛蹄塘组潜质页岩的干酪
根分形维数与黏土矿物含量呈负相关关系，而龙潭组潜质页岩的干酪根分形维
数则与黏土矿物含量的相关性不明显[图 4-39(b)]。在场发射扫描电镜下可以观
察到牛蹄塘组潜质页岩、龙潭组潜质页岩中均发育有机黏土复合体[图 4-15(e)、

图 4-35(g)、图 4-35(h)],其内部可以发育一定数量的孔隙,但随着黏土矿物含量的增加,有机质含量相对降低,黏土矿物中发育的孔隙不足以抵消有机孔隙的减少。但龙潭组潜质页岩中这种影响相对较小,因为该潜质页岩中主要发育Ⅲ型干酪根,该类型干酪根生成液态烃潜力较弱,导致生烃演化过程中有机质与黏土矿物相互作用关系相对较弱。

综上所述,有机质类型直接影响有机孔发育,Ⅰ型和Ⅱ型干酪根有机孔发育良好。在成岩过程中,矿物类型能够影响不同孔径范围的有机孔发育。其中,长英质矿物含量的增加使微孔增加、大孔减少;黄铁矿含量的增加使微孔和中孔减少;黏土矿物含量的增加使微孔减少、中孔和大孔增加。在富有机质页岩的热演化过程中,TOC 含量和 R_o 同样影响有机孔发育:随着 TOC 含量的增加,微孔和中孔先减少后增加,大孔先增加后减少;R_o 的增加对不同直径孔隙的影响存在差别(图 4-40)。有机孔发育不受单一影响因素所控制,而是在成岩作用和热演化过程中受多种因素的综合影响,与优质页岩储层成因机制"多藻控烃源、生硅控格架、协同演化控储层"相一致(聂海宽 等,2020),体现出有机孔发育的协同演化性。

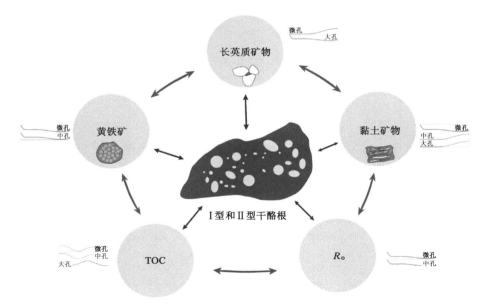

图 4-40　牛蹄塘组成岩与热演化过程有机孔与影响因素相关性综合示意图

4.3.2　海陆过渡相潜质页岩储集物性影响因素

贵州龙潭组海陆过渡潜质相页岩孔隙结构受多种因素影响,包括矿物组分、有机质含量、有机质类型、有机质热演化程度等,本节结合前文龙潭组潜质页岩有机地球化学特征、矿物组成特征、岩相特征、孔隙发育特征,探讨影响海陆过渡相潜质页岩孔隙发育特征的相关因素。

（1）潜质页岩孔隙发育与有机质成熟度的关系

龙潭组潜质页岩 R_o 值与孔体积呈显著正相关,相关系数高达 0.822 3（图 4-41）,原因可能是本次实验分析的潜质页岩样品整体处于低成熟—成熟阶段（$R_o=0.68\%\sim0.95\%$,表 4-8）,是干酪根大量裂解生成油气的阶段,干酪根的裂解产生大量有机孔（Ross et al.,2009b;吉利明 等,2014）。从前文的分析结果可知,龙潭组潜质页岩干酪根是该潜质页岩中较为多孔的组分（图 4-13）,因此有机孔的增加能够在很大程度上提高页岩的孔体积。

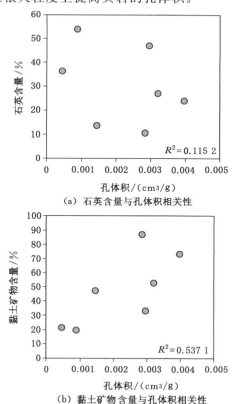

（a）石英含量与孔体积相关性

（b）黏土矿物含量与孔体积相关性

图 4-41　研究区龙潭组潜质页岩样品孔体积与矿物类型、有机地球化学参数之间的相关性

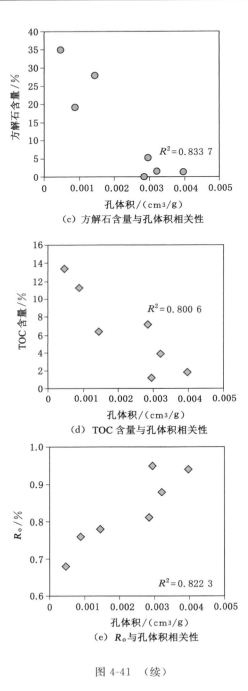

（c）方解石含量与孔体积相关性

（d）TOC含量与孔体积相关性

（e）R_o 与孔体积相关性

图 4-41 （续）

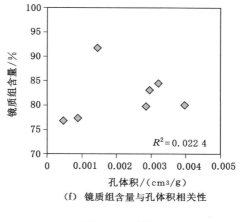

（f）镜质组含量与孔体积相关性

图 4-41　（续）

表 4-8　研究区龙潭组潜质页岩部分样品有机地球化学分析结果

编号	深度 /m	显微组分/%			干酪根类型	TOC 含量 /%	R_o /%
		镜质组	惰质组	壳质组			
DH-1S	288.42	76.8	15.55	7.66	Ⅲ	13.4	0.68
DH-2S	305.17	77.37	13.16	9.47	Ⅲ	11.3	0.76
DH-3S	335.97	91.75	6.19	2.06	Ⅲ	6.34	0.78
DH-4S	362.8	79.69	12.5	7.81	Ⅲ	7.13	0.81
DH-5S	383.9	84.38	4.69	10.94	Ⅲ	3.89	0.88
DH-6S	451.8	83.08	/	16.92	Ⅲ	1.20	0.95
DH-7S	470.91	80	13.33	6.67	Ⅲ	1.81	0.94

注:"/"代表未检测到,类型指数根据 TI＝(腐泥组 * 100＋壳质组 * 50－镜质组 * 75－惰质组 * 100)/
100 计算。

　　有机质成熟度的升高会导致龙潭组潜质页岩样品中的大孔、中孔和微孔体积均有不同程度的增加,且对页岩中孔体积的影响最明显,相关系数高达 0.774 8[图 4-42(h)],对大孔和微孔体积的影响也较明显,相关系数分别为 0.418 5 和 0.342 9[图 4-42(g),图 4-42(i)],说明有机质热演化过程中形成的有机孔确实包括了微孔、中孔和大孔,生烃早期应当以微孔为主,随着生烃作用不断进行,微孔逐渐联通形成中孔乃至大孔(图 4-43)。

　　(2)潜质页岩孔隙发育与有机质丰度的关系

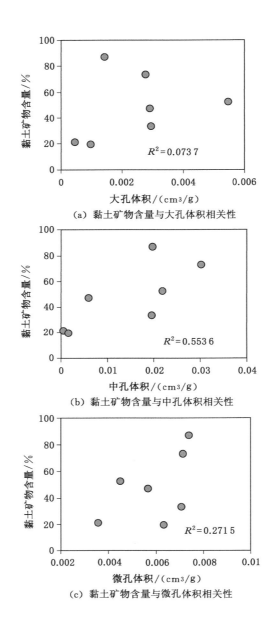

（a）黏土矿物含量与大孔体积相关性

（b）黏土矿物含量与中孔体积相关性

（c）黏土矿物含量与微孔体积相关性

图 4-42　不同尺寸孔隙与龙潭组潜质页岩黏土矿物含量、TOC 含量、R_o 的相关性

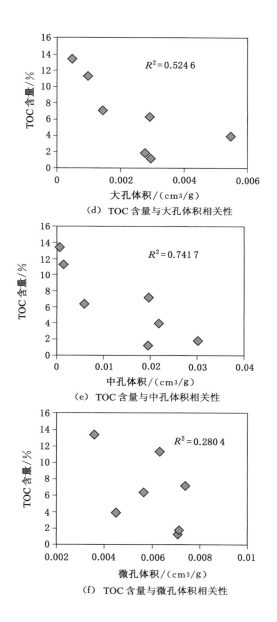

（d）TOC 含量与大孔体积相关性

（e）TOC 含量与中孔体积相关性

（f）TOC 含量与微孔体积相关性

图 4-42　（续）

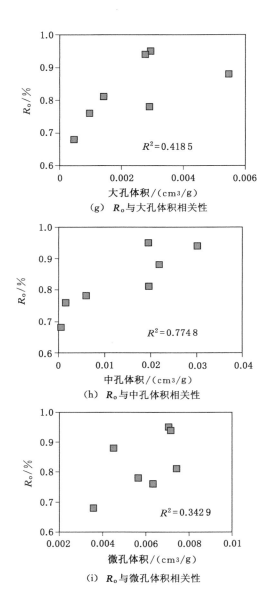

（g） R_o 与大孔体积相关性

（h） R_o 与中孔体积相关性

（i） R_o 与微孔体积相关性

图 4-42 （续）

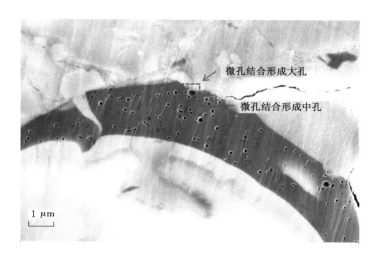

图 4-43　贵州龙潭组潜质页岩有机孔特征

如图 4-41(d)所示,龙潭组潜质页岩 TOC 含量与孔体积呈显著负相关关系,说明 TOC 含量越高,页岩孔隙发育越差,原因可能是有机质会填充页岩中孔隙(Wang et al.,2021)。将潜质页岩 TOC 含量与不同尺寸孔体积进行对比,结果显示,潜质页岩 TOC 含量与大孔、中孔体积呈显著负相关[图 4-42(d)、图 4-42(e)],相关系数分别达到 0.524 6、0.741 7,但与微孔体积呈弱正相关关系,相关系数为 0.280 4[图 4-42(f)],说明有机质主要充填的是页岩中的大孔和中孔(赵凌云 等,2023)。

有机质会充填页岩中的孔隙,尤其是在成熟阶段($R_o=0.7\%\sim1.3\%$),大量烃类的生成导致这种充填作用更加明显(Curtis et al.,2012;Löhr et al.,2015)。然而,有机质(如沥青、干酪根等)自身也会发育大量孔隙,有机孔是全岩孔隙的重要组成部分,为了讨论龙潭组潜质页岩有机质中孔隙发育特征,本研究通过气体吸附法对比了该潜质页岩全岩和干酪根 7 组样品的孔隙结构特征。通过实验结果计算得到全岩样品和干酪根样品的孔体积、比表面积等数值和占比,结果如图 4-22 所示,相关数据的分析讨论见 4.2.2 小节。

(3) 潜质页岩孔隙发育与矿物组成的关系

基于潜质页岩矿物成分和孔隙发育特征,绘制潜质页岩样品孔体积与主要矿物组分之间的相关图(图 4-41),从图中可以发现,矿物组成对潜质页岩孔隙发育特征具有较大影响。例如,黏土矿物含量与页岩孔体积呈正相关关系,相关系数达 0.537 1,原因可能是黏土矿物发育大量晶间孔,加之龙潭组潜质页岩黏土矿物含量高(表 2-3),晶间孔在页岩总孔隙中占比约为 45%(图 4-17)。方解石含量与页岩孔体积呈显著负相关关系,相关系数高达 0.833 7,原因是方解石多为后生成因,充填在微裂隙和孔隙内(图 4-44),导致页岩孔体积降低。相比黏土矿物和方解石,石英含量与页岩孔体积间相关性较弱,呈微弱负相关关系,相关系数为 0.115 2。石英通常是页岩中的刚性矿物颗粒,与其他刚性矿物颗粒相互支撑能够形成颗粒骨架,支撑上覆地层压力,防止孔隙被压闭合,从这一点看石英含量越高页岩孔隙应当越发育(Chen et al.,2022)。然而,龙潭组潜质页岩以黏土矿物为主,石英等刚性矿物颗粒是漂浮在黏土矿物中的,未能形成有效的颗粒支撑(图 4-13,图 4-44),因此石英含量与页岩孔体积相关性不明显甚至呈负相关。

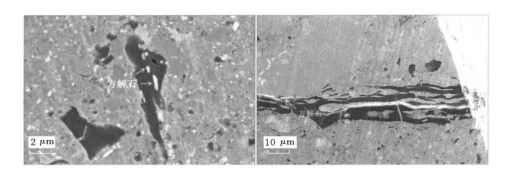

图 4-44 龙潭组潜质页岩中方解石充填微裂隙和孔隙

此处进一步分析了不同矿物组分与不同尺寸孔隙之间的相关性,黏土矿物与不同尺寸孔隙相关性如图 4-42(a)~图 4-42(c)所示,黏土矿物含量与页岩中孔体积具有较好的正相关性,相关系数 R^2 为 0.553 6,且与页岩微孔体积具有一定正相关性,相关系数 R^2 为 0.271 5,但与页岩大孔体积的相关性很弱,相关系数仅为 0.073 7,说明黏土矿物提供的孔隙主要是中孔,其次为微孔,黏土矿物相关的大孔多被有机质充填[图 4-13(c)]。

石英含量与不同尺寸孔隙的相关性如图 4-45 所示,石英含量与页岩微孔、中孔、大孔体积均呈负相关关系,相关系数 R^2 分别为 0.627 9、0.581 9、0.320 7,表明石英含量对龙潭组潜质页岩中大孔、中孔和微孔的发育均有抑制作用。

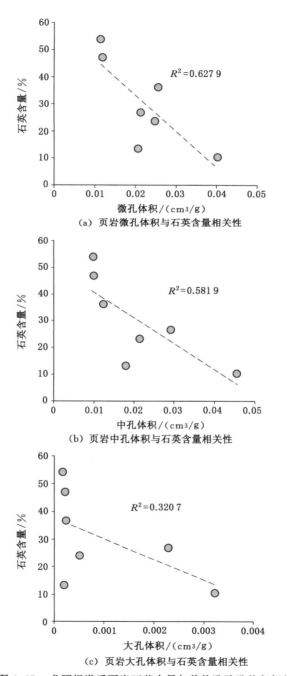

（a）页岩微孔体积与石英含量相关性

（b）页岩中孔体积与石英含量相关性

（c）页岩大孔体积与石英含量相关性

图 4-45　龙潭组潜质页岩石英含量与整体孔隙孔体积相关性

第5章 潜质页岩矿物组成及岩石力学特征

矿物组成是评价页岩气储层和资源开发潜力的重要依据之一。页岩中常见的矿物包括石英、长石、黏土矿物、方解石、白云石和黄铁矿等,不同矿物的内部结构以及力学性质存在较大差异,例如石英晶体形态多为六方柱状晶体,内部结构较致密,较坚硬(莫氏硬度为7),很少发育粒内孔隙;黏土矿物则主要是层状构造硅酸盐矿物,硬度低(莫氏硬度为1.0～1.5),黏土片层之间普遍发育孔隙,且吸水性较强(其中以蒙脱石最为典型)(赵杏媛和 等,2016;赵珊茸,2017)。因此,页岩中矿物组成的差异必然导致页岩物理性质的不同,其中对页岩力学性质的影响尤为明显,这种影响将在很大程度上决定页岩的可压裂性,进而影响页岩气的开发效果。本章系统地分析贵州牛蹄塘组海相潜质页岩、龙潭组海陆过渡相潜质页岩的矿物组成特征,进而分析页岩脆性指数和力学参数,讨论不同环境潜质页岩的力学性质。

5.1 海相潜质页岩矿物组成及岩石力学特征

5.1.1 矿物组成

贵州牛蹄塘组潜质页岩矿物组成统计表已在2.1节展示,见表2-1,根据表2-1中数据绘制该页岩矿物组分图(图5-1)。矿物组分分析结果显示,牛蹄塘组潜质页岩矿物以石英和黏土矿物为主,其中,石英含量为14.0%～71.0%,平均值为52.3%;黏土矿物含量为8.0%～68.0%,平均值为32.1%。此外,该页岩中还常见长石、方解石、白云石和黄铁矿等矿物,其中长石含量为0～29.6%,平均值为7.6%;方解石含量为0～16.0%,平均值为2.0%;白云石含量为0～48.0%,平均值为3.4%;黄铁矿含量为0～10.0%,平均值为1.9%。

平面上,该潜质页岩矿物组成分布特征较明显,其中在贵州西部(如毕节织金、纳雍、金沙以及遵义松林、绥阳等地)矿物成分以黏土矿物为主,在贵州东部(如铜仁松桃以及黔东南镇远、三穗等地)矿物成分以石英为主。

贵州牛蹄塘组潜质页岩中黏土矿物以伊利石和伊/蒙混层为主,绿泥石次之,含少量高岭石,几乎不含蒙脱石。其中,黏土矿物中伊利石占比为31.0%～

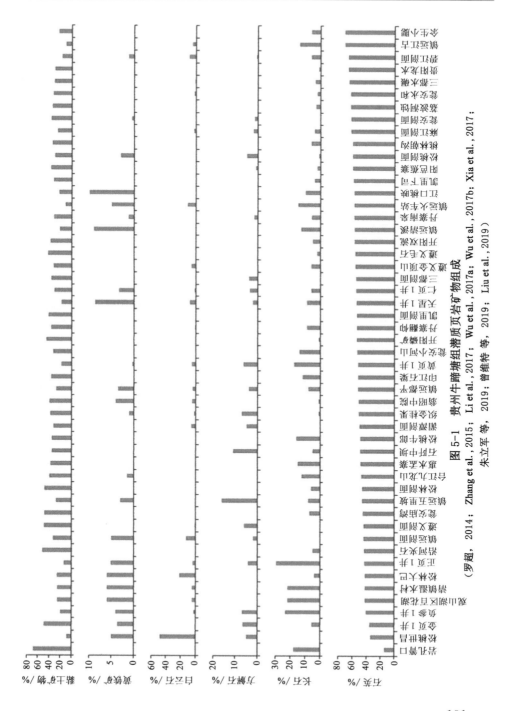

图 5-1　贵州牛蹄塘组潜质页岩矿物组成

（罗超，2014；Zhang et al., 2015；Li et al., 2017；Wu et al., 2017a；Wu et al., 2017b；Xia et al., 2017；朱立军 等，2019；曾维特 等，2019；Liu et al., 2019）

89.0%，平均值为 62.3%；伊/蒙混层占比为 0～38.0%，平均值为 21.3%；绿泥石占比为 1.0%～38.0%，平均值为 14.6%；高岭石占比为 0～7.1%，平均值为 1.8%（图 5-2）。

贵州牛蹄塘组潜质页岩段矿物组成具有较明显的纵向分布规律，由下往上碳酸盐矿物（主要为方解石）含量呈增加的趋势，黏土矿物含量亦呈逐渐增加的趋势，碎屑矿物总体含量变化不大，反映该潜质页岩沉积时期水体呈逐渐变浅的趋势，与宏观结果一致。相反，该潜质页岩段自下而上，TOC 含量呈逐渐降低的趋势，TOC 含量与黏土矿物含量、TOC 含量与碳酸盐矿物含量之间均呈负相关关系，TOC 含量与石英含量相关性不明显（图 5-3）。

5.1.2 岩石力学特征

岩石力学性质及其参数特征是进行油气井钻探设计、制定储层改造措施和方案设计的重要依据（路保平 等，2000；杨建 等，2012）。目前研究方法主要有三种：一是在实验室对岩样进行实测；二是用地球物理测井资料求取；三是采用水力压裂法计算。在实验室测试及压裂计算校正测井法的基础上，获得连续地层岩石力学参数剖面，从而反映潜质页岩力学性质，为后期勘探开发工作奠定基础。本研究主要分析潜质页岩脆性指数、抗拉强度、抗张强度、弹性模量和泊松比等力学参数。

（1）脆性指数

根据表 2-1 和图 5-1 中的数据，根据《页岩脆性指数测定及评价方法》（NB/T 10248—2019）中脆性指数公式［式(5-1)］，计算牛蹄塘组潜质页岩脆性指数。

$$B_{M2} = (X_{quartz} + X_{feldspar} + X_{calcite} + X_{dolomite} + X_{pyrite}) \times 100 \qquad (5-1)$$

式中，B_{M2} 为页岩样品脆性指数，无量纲；X_{quartz} 为页岩中石英质量分数，%；$X_{feldspar}$ 为页岩中长石质量分数，%；$X_{calcite}$ 为页岩中方解石质量分数，%；$X_{dolomite}$ 为页岩中白云石质量分数，%；X_{pyrite} 为页岩中黄铁矿质量分数，%。

计算结果表明，贵州牛蹄塘组潜质页岩脆性指数为 32.0～92.0（图 5-4），平均值达 67.9。根据《页岩脆性指数测定及评价方法》（NB/T 10248—2019）中的规定，$B_{M2} \geqslant 70$ 代表页岩脆性好；$60 \leqslant B_{M2} < 70$ 代表页岩脆性较好；$40 \leqslant B_{M2} < 60$ 代表页岩脆性中等；$B_{M2} < 40$ 代表页岩脆性差。按照此标准，除个别样品 B_{M2} 值低于 40 外，贵州牛蹄塘组潜质页岩整体具有较好脆性。

（2）抗压、抗张强度

在常温、常压条件下，对牛蹄塘组潜质页岩进行抗压实测，测得抗压强度为 19.09～153.73 MPa，平均值为 84.12 MPa；抗张强度为 3.11～9.70 MPa，平均值为 5.73 MPa（表 5-1）。此外，页岩岩石密度在 2.51～2.72 g/cm³，平均值为2.61 g/cm³。抗压、抗张强度表明贵州牛蹄塘组潜质页岩强度变化大，非均质性较强。

图 5-2　贵州牛蹄塘组潜质页岩黏土矿物成分

(罗超，2014；Zhang et al.，2015；Li et al.，2017；Wu et al.，2017；Xia et al.，2017；
朱立军 等，2019；曾维特 等，2019；Liu et al.，2019)

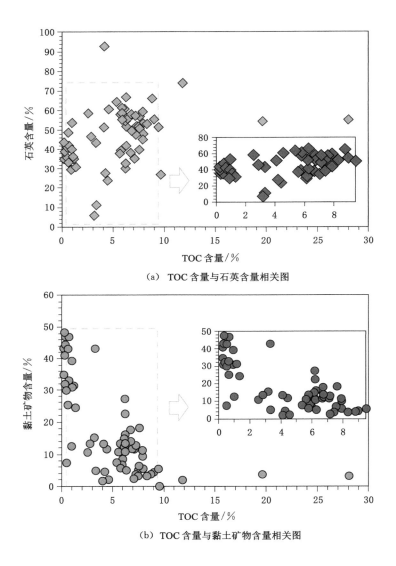

（a）TOC 含量与石英含量相关图

（b）TOC 含量与黏土矿物含量相关图

图 5-3　牛蹄塘组潜质页岩 TOC 含量与主要矿物含量相关图

（3）弹性模量、泊松比

在常温、常压条件下，年蹄塘层潜质页岩弹性模量为 $1.45 \times 10^3 \sim 6.11 \times 10^3$ MPa，平均值为 4.15×10^3 MPa；泊松比为 $0.23 \sim 0.35$，平均值为 0.29（表 5-1）。在饱和水条件下，岩石含水率为 $0.53\% \sim 1.57\%$，在此条件下进行实验对比，发现该潜质页岩弹性模量与天然条件下的测试结果较为接近。天然条

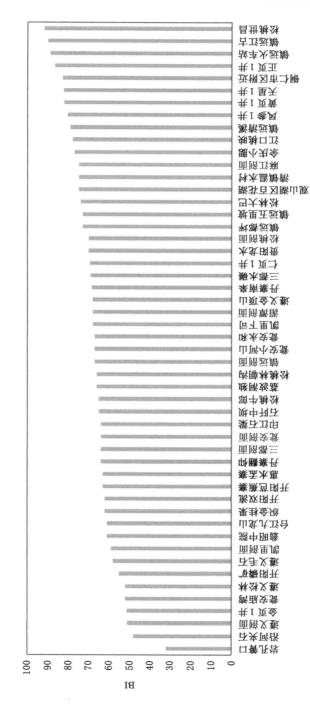

图 5-4　研究区牛蹄塘组潜质页岩脆性指数计算结果

件下弹性模量值为 3.01×10^3 MPa,饱和水弹性模量值为 4.05×10^3 MPa。天然条件下抗压值表明水介质对岩石力学性质影响不大。

表 5-1　常温、常压条件下牛蹄塘组潜质页岩抗压强度、抗张强度、
弹性模量、泊松比测试结果(朱立军 等,2019)

样品编号	测试内容	岩石密度 /(g/cm³)	抗压强度 /MPa	抗张强度 /MPa	弹性模量 /(×10³ MPa)	泊松比
S01	天然抗压	2.69	28.97	5.94	1.45	0.27
S02	天然抗压	2.60	106.20	/	6.11	0.24
S03	天然抗压	2.68	40.22	4.98	2.32	0.31
S04	天然抗压	2.61	85.86	/	4.34	0.24
S05	天然抗压	2.72	104.92	/	6.02	0.33
S06	天然抗压	2.51	65.65	9.70	3.01	0.35
S07	饱和抗压	2.53	153.73	/	5.92	0.33
S08	饱和抗压	2.55	82.84	3.11	4.05	0.23
S09	饱和抗压	2.56	19.09	4.92	/	/

注:"/"表示未检测到数据。

5.2　海陆过渡相潜质页岩矿物组成及岩石力学特征

5.2.1　矿物组成

贵州龙潭组潜质页岩矿物成分分析结果如表 2-3 和图 5-5 所示。结果显示该潜质页岩矿物组分以黏土矿物为主,其次为石英,还含有少量长石、方解石、白云石和黄铁矿等。如图 5-5 所示,龙潭组潜质页岩黏土矿物含量介于 31.4%~83.0%,平均值为 60.4%;石英含量介于 6.0%~62.0%,平均值为 22.8%;长石含量介于 0~24.0%,平均值为 9.1%,以斜长石为主;碳酸盐矿物含量介于 0~21.0%,其中方解石含量为 0~16.0%,白云石含量为 0~8.7%;黄铁矿含量介于 0~19%,平均值为 2.8%。与牛蹄塘组潜质页岩相比,龙潭组潜质页岩中黏土矿物含量更高,石英含量偏低。

贵州龙潭组潜质页岩黏土矿物中以伊利石和伊/蒙混层为主,还有少量高岭石和绿泥石,几乎不含蒙脱石(图 5-6)。如图 5-6 所示,黏土矿物中伊利石占比30.0%~85.0%,平均值为 44.4%;伊/蒙混层占比为 2.0%~68.0%,平均值为42.6%;高岭石占比为 0~39.0%,平均值为 5.9%;绿泥石占比为 0~35.0%,平均值为 7.1%。

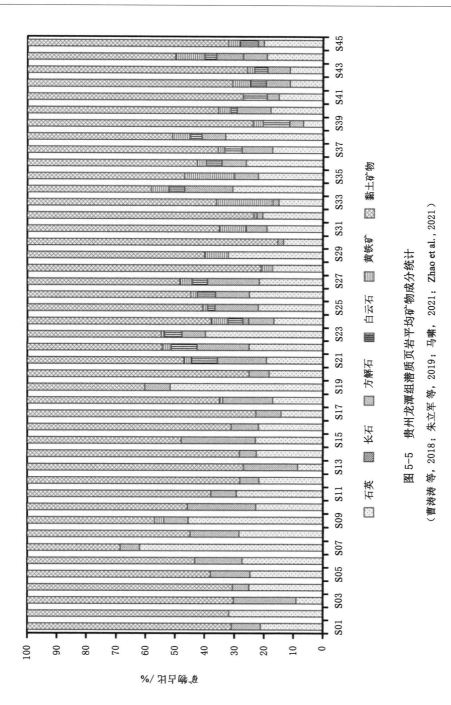

图 5-5　贵州龙潭组潜质页岩平均矿物成分统计

（曹涛涛 等，2018；朱立军 等，2019；马啸，2021；Zhao et al.，2021）

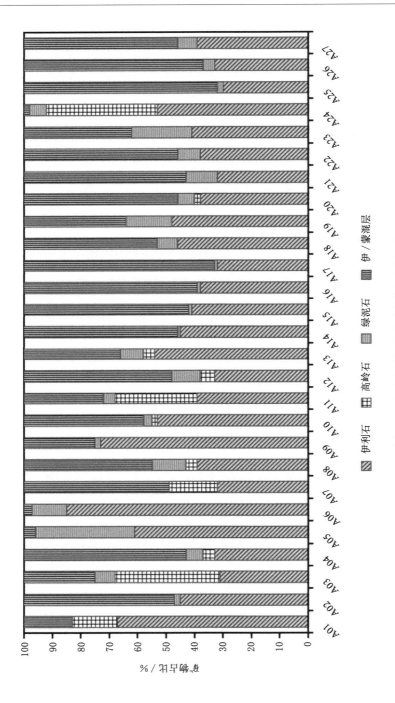

图 5-6　贵州龙潭组潜质页岩黏土矿物成分

（曹涛涛 等，2018；朱立军 等，2019；马嘯，2021；Zhao et al.，2021）

5.2.2　岩石力学特征

本研究主要分析龙潭组潜质页岩脆性指数、抗拉强度、抗张强度、弹性模量和泊松比等力学参数。

（1）脆性指数

基于表 2-3 和图 5-5 中的数据，根据公式（5-1）计算贵州龙潭组潜质页岩脆性指数，结果如图 5-7 所示。计算结果表明，贵州龙潭组潜质页岩脆性指数为 17.0～68.6，平均值达 39.6。根据《页岩脆性指数测定及评价方法》中的规定，（即 $B_{M2}\geqslant 70$ 代表页岩脆性好；$60\leqslant B_{M2}<70$ 代表页岩脆性较好；$40\leqslant B_{M2}<60$ 代表页岩脆性中等；$B_{M2}<40$ 代表页岩脆性差），贵州龙潭组潜质页岩整体脆性较差。与牛蹄塘组潜质页岩相比（平均脆性指数为 67.9），龙潭组潜质页岩脆性指数明显较低，说明龙潭组潜质页岩可压裂性不如牛蹄塘组潜质页岩的好。

（2）抗压、抗张强度

在常温、常压条件下，对龙潭组潜质页岩进行抗压实测。结果显示，该页岩抗压强度为 16.00～94.00 MPa，平均值为 58.25 MPa；抗张强度为 3.72～8.90 MPa，平均值为 6.62 MPa（表 5-2）。此外，该潜质页岩岩石密度为 2.50～2.66 g/cm³，平均值为 2.56 g/cm³。与牛蹄塘组潜质页岩相比（表 5-1），龙潭组潜质页岩抗压强度和岩石密度偏小、抗张强度偏大。

表 5-2　常温、常压条件下龙潭组潜质页岩抗压强度、抗张强度、弹性模量、泊松比测试结果（朱立军 等，2019）

样品编号	测试内容	岩石密度/(g/cm³)	抗压强度/MPa	抗张强度/MPa	弹性模量/(×10³ MPa)	泊松比
S01	天然抗压	2.66	89.00	6.87	11.70	0.21
S02	天然抗压	2.56	94.00	8.90	12.80	0.25
S03	天然抗压	2.50	16.00	3.72	1.40	0.48
S04	天然抗压	2.50	34.00	7.00	11.27	0.25

（3）弹性模量、泊松比

在常温、常压条件下，龙潭组潜质页岩弹性模量为 $1.40\times10^3\sim12.80\times10^3$ MPa，平均值为 9.29×10^3 MPa；泊松比为 0.21～0.48，平均值为 0.31（表 5-2）。龙潭组潜质页岩泊松比与牛蹄塘组潜质页岩（表 5-1）较接近，但弹性模量比牛蹄塘组潜质页岩的高。

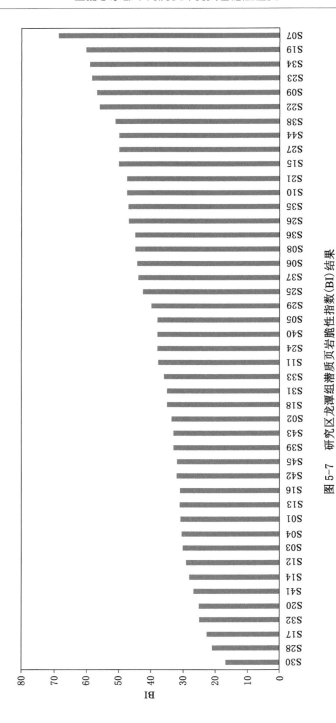

图 5-7 研究区龙潭组潜质页岩脆性指数（BI）结果

第 6 章　潜质页岩含气性及其影响因素

页岩含气性是指页岩中气体的含量,通常可以用含气量和含气饱和度来反映,是页岩气资源评价的关键参数之一(张金川,2017)。潜质页岩物质组成具有不同于常规砂岩储层以及非常规的煤储层的特点,这种特点导致潜质页岩中页岩气以吸附态、游离态并重的方式赋存于潜质页岩储层中,这一点不同于常规砂岩储层和煤储层,常规砂岩储层以游离气为主,煤储层以吸附气为主(卢双舫等,2017;邹才能 等,2021)。因此,页岩含气性及其影响因素不同于砂岩和煤。为了详细地认识和对比牛蹄塘组潜质页岩和龙潭组潜质页岩含气性,本章综合现场解析资料(李希建,2020;Mou et al.,2024)和室内等温吸附实验数据,分析了这两套潜质页岩的含气性,并在此基础上,结合区域地质背景和储层性质分析页岩含气性的影响因素。

6.1　海相潜质页岩含气性

6.1.1　解吸含气量

原贵州省国土资源厅(现称贵州省自然资源厅)在省内遵义、铜仁、黔东南等地区施工了多口牛蹄塘组页岩气参数井(如 SYY1 井、MY1 井、ZY1 井、DY1 井和 STY1 井),并测试了岩芯解吸含气量。本研究在这些页岩气参数井的基础上,补充了 YF1 井和 ZK2 井页岩岩芯样品的解吸含气量数据。结果显示,牛蹄塘组潜质页岩解吸含气量分布在 $0 \sim 2.65 \text{ cm}^3/\text{g}$(表 6-1),其中黔东南州 ZY1 井含气性最好,该井测试样品 12 个,样品埋深范围为 $1\,003.31 \sim 1\,022.71$ m,含气量介于 $0.90 \sim 2.65 \text{ cm}^3/\text{g}$,平均含气量为 $1.28 \text{ cm}^3/\text{g}$。除 ZY1 井外,YF1 井、ZK2 井、SYY1 井和 MY1 井等牛蹄塘组潜质页岩也具有较高的含气量,YF1、ZK2、SYY1 和 MY1 这 4 口参数井均位于遵义市,其中 YF1 井测试样品 13 个,样品埋深范围为 $2\,227.75 \sim 2\,709.64$ m,含气量介于 $0.48 \sim 1.10 \text{ cm}^3/\text{g}$,平均含气量为 $0.72 \text{ cm}^3/\text{g}$;ZK2 井测试样品 8 个,埋深范围介于 $805.80 \sim 938.70$ m,含气量介于 $0.27 \sim 0.72 \text{ cm}^3/\text{g}$,平均含气量为 $0.51 \text{ cm}^3/\text{g}$;SYY1 井测试样品

30 个,埋深范围介于 1 161.30~1 726.21 m,含气量介于 0~0.60 cm³/g,平均含气量为0.13 cm³/g;MY1 井测试样品 19 个,埋深范围介于 860.17~905.23 m,含气量介于 0.06~0.64 cm³/g,平均含气量为 0.22 cm³/g。铜仁市的 DY1 井和 STY1 井含气性较差,DY1 井测试样品 19 个,埋深范围介于 1 357.00~1 739.90 m,含气量介于 0.03~0.56 cm³/g,平均含气量为 0.11 cm³/g;STY1 井测试样品 39 个,埋深范围介于 1 030.31~1 580.54 m,含气量介于 0.02~0.85 cm³/g,平均含气量为 0.08 cm³/g。

表 6-1　贵州部分参数井牛蹄塘组潜质页岩解吸含气量

井号	所在地	测试样品/个	埋深范围/m	含气量范围/(cm³/g)	平均含气量/(cm³/g)
SYY1 井	遵义	30	1 161.30~1 726.21	0~0.60	0.13
MY1 井	遵义	19	860.71~905.23	0.06~0.64	0.22
YF1 井	遵义	13	2 227.75~2 709.64	0.48~1.10	0.72
ZK2 井	遵义	8	805.80~938.70	0.27~0.72	0.51
ZY1 井	黔东南	12	1 003.31~1 022.71	0.90~2.65	1.28
DY1 井	铜仁	19	1 357.00~1 739.90	0.03~0.56	0.11
STY1 井	铜仁	39	1 030.34~1 580.54	0.02~0.85	0.08

注:表中深度范围和含气量范围数据格式为:最小值~最大值。

从解吸含气量分析结果可以看出,牛蹄塘组潜质页岩含气性中等,且含气性的非均质性较强,整体上省内黔东南地区含气性较好。

6.1.2　气体组分

通常,页岩气气体组分以 CH_4 为主,占比达到 90% 以上,此外,还有少量 N_2、CO_2 和重烃气体(如 C_2H_6、C_3H_8 等)(赵靖舟 等,2016)。本研究分析了贵州牛蹄塘组潜质页岩部分页岩气样品的化学组分,结果如图 6-1 所示。分析结果显示,牛蹄塘组潜质页岩气体中 N_2 含量异常高,介于 18.49%~95.35%,平均值高达 68.02%。相比之下,CH_4 含量介于 0.68%~77.10%,平均值为 19.75%,与通常认识的页岩气组分差别较大。此外,该页岩中还含有 CO_2、O_2、H_2、C_2H_6 和 C_3H_8 等组分,其中,CO_2 含量介于 0~1.77%,平均值为 0.52%;O_2 含量介于 0~20.35%,平均值为 6.53%;H_2 含量介于 0~36.98%,平均值为 4.28%;C_2H_6 含量介于 0~4.51%,平均值为 0.79%;C_3H_8 含量介于 0~1.73%,平均值为 0.12%。

贵州牛蹄塘组潜质页岩气体组成中具有异常高的 N_2 含量,部分样品 O_2 含量也较高,例如 ZY1-1、ZY1-2、DY1-1、DY1-2 和 DY1-3 等样品,O_2 含量均超过 10%(图 6-1)。这种异常的气体组成很大可能是由不利的页岩气保存条件造成的(夏鹏 等,2018a),页岩气保存条件对气体组分的影响将在本章 6.3 节详细讨论。

6.1.3 等温吸附

等温吸附实验是目前获取页岩气含量的重要手段之一,本研究对从 YF1 井和 ZK2 井采集的 15 个潜质页岩样品开展了甲烷等温吸附实验,其中 YF1 井样品 7 个,ZK2 井样品 8 个,实验遵照《页岩甲烷等温吸附/解吸量的测定 第 1 部分:静态容积法》(GB/T 35210.1—2023)执行。实验测试条件:温度 30 ℃,甲烷浓度 99.9%,氦气浓度 99.999%,测试压力 0.1~12.0 MPa,最大压力与样品原位埋藏条件下地层压力相当。结果显示,样品兰氏体积(V_L)介于 1.47~6.81 cm^3/g,平均值为 4.13 cm^3/g;兰氏压力(P_L)介于 1.62~3.91 MPa,平均值为 2.48 MPa(表 6-2)。

表 6-2 贵州牛蹄塘组潜质页岩样品甲烷等温吸附参数

样品编号	$V_L/(cm^3/g)$	P_L/MPa
YF1-1	4.08	3.91
YF1-2	4.37	2.07
YF1-3	3.44	3.73
YF1-4	4.10	2.60
YF1-5	4.38	2.12
YF1-6	3.35	1.62
YF1-7	3.49	1.85
ZK2-1	1.47	2.50
ZK2-2	5.89	1.99
ZK2-3	4.03	2.71
ZK2-4	3.65	2.56
ZK2-5	2.41	2.85
ZK2-6	5.82	2.00
ZK2-7	4.66	2.42
ZK2-8	6.81	2.32

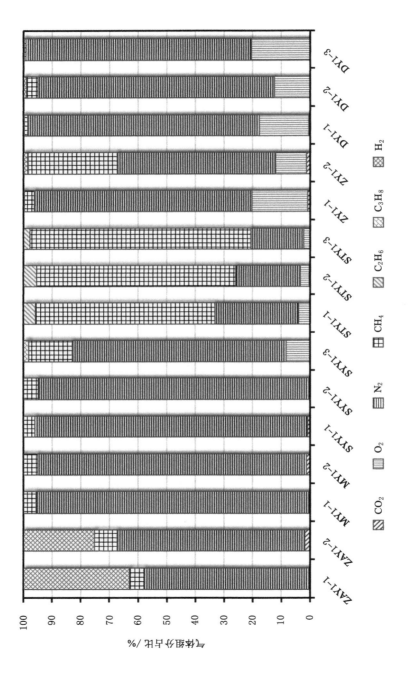

图 6-1 贵州部分参数井牛蹄塘组潜质页岩解吸气气体组分

贵州牛蹄塘组潜质页岩甲烷等温吸附曲线如图 6-2 所示,页岩样品绝对吸附量随压力的增大呈现快速上升、平稳上升和缓慢上升 3 个阶段。其中,快速上升阶段出现在压力 0～1.5 MPa 范围内;平稳上升阶段出现在压力 1.5～6.0 MPa 范围内;缓慢上升阶段出现在压力大于 6.0 MPa 范围内。

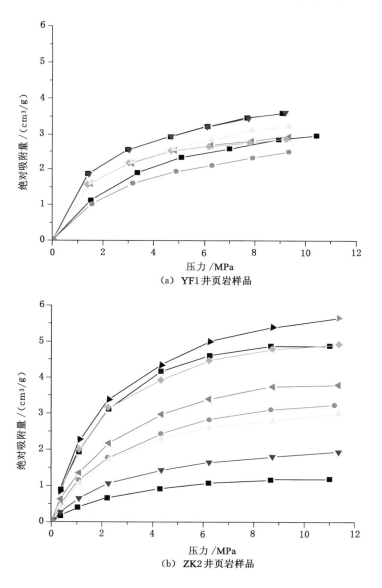

（a）YF1 井页岩样品

（b）ZK2 井页岩样品

图 6-2　贵州牛蹄塘组潜质页岩甲烷等温吸附曲线

对比甲烷等温吸附实验结果(表 6-2,图 6-2)和现场解吸实验结果(表 6-1),可以发现牛蹄塘组潜质页岩甲烷吸附量远远大于其含气量,说明整体上该页岩含气饱和度较低,这主要是受后期保存条件的影响(夏鹏 等,2018a,2018b)。此外,页岩样品吸附能力与解吸含气量的对比还说明,牛蹄塘组潜质页岩储集物性并不差,在地下温压条件适合、封闭性较好的地方可以积聚较多的页岩气。

6.2 海陆过渡相潜质页岩含气性

6.2.1 解吸含气量

原贵州省省国土资源厅(现称贵州省自然资源厅)在省内毕节、黔西南等地区施工了龙潭组页岩气参数井(如 XY1 井和 RY1 井),并测试了岩芯解吸含气量。本研究在这些页岩气参数井的基础上,补充了 PDY1 井页岩岩芯样品的解吸含气量数据。结果显示,龙潭组潜质页岩解吸含气量分布在 $0.75 \sim 19.17$ cm³/g(表 6-3),平均含气量为 6.04 cm³/g,远高于牛蹄塘组潜质页岩的解吸含气量(表 6-1),说明龙潭组潜质页岩含气性比牛蹄塘组潜质页岩含气性更好,原因可能是龙潭组含有多个煤层,有更丰富的气体来源(高为 等,2022)。在 XY1、RY1 和 PDY1 这 3 口参数井中,XY1 井位于毕节市,RY1 井和 PDY1 井位于黔西南。XY1 井潜质页岩样品含气性最好,该井测试样品 24 个,样品埋深范围介于 $415.50 \sim 543.50$ m,含气量介于 $4.93 \sim 19.17$ cm³/g,平均含气量高达 11.66 cm³/g。RY1 井和 PDY1 井潜质页岩样品含气性相对较差,其中 RY1 井测试样品 29 个,埋藏深度介于 $711.65 \sim 953.55$ m,含气量介于 $1.25 \sim 4.24$ cm³/g,平均含气量为 2.37 cm³/g;PDY1 井测试样品 8 个,埋藏深度介于 $875.45 \sim 1\ 065.30$ m,含气量介于 $0.75 \sim 5.08$ cm³/g,平均含气量为 2.53 cm³/g。平面上来看,龙潭组潜质页岩在黔西北地区的含气性要优于黔西南地区。

表 6-3 贵州部分参数井或露头龙潭组潜质页岩解吸含气量

井号	所在地	测试样品数量 /个	深度范围 /m	含气量范围 /(cm³/g)	平均含气量 /(cm³/g)
XY1 井	毕节	24	$415.50 \sim 543.50$	$4.93 \sim 19.17$	11.66
RY1 井	黔西南	29	$711.65 \sim 953.55$	$1.25 \sim 4.24$	2.37
PDY1 井	黔西南	8	$875.45 \sim 1\ 065.30$	$0.75 \sim 5.08$	2.53

6.2.2　气体组分

本研究分析用的气体组分数据来源有两个：一是参考朱立军等（2019）梳理的贵州龙潭组页岩气参数井（主要包括 XY1 井、RY1 井）中页岩气组分数据；二是煤田地质钻孔中页岩气组分数据。

页岩气参数井中页岩气组分数据显示，龙潭组页岩气组分以 CH_4 为主（图 6-3），含量为 22.0%～94.0%，平均值为 72.4%；N_2 次之，含量为 5.0%～76.0%，平均值为 23.7%；C_2H_6 含量为 0～2.1%，平均值为 0.4%；CO_2 含量为 0～3.5%，平均值为 0.8%；O_2 含量为 0～3.0%，平均值为 0.7%；几乎不含 C_3H_8 和 H_2。

煤田地质钻孔中页岩气组分数据同样显示气体组分以 CH_4 为主（图 6-3），含量为 37.0%～96.0%，平均值为 85.0%；N_2 含量为 3.1%～53.0%，平均值为 11.2%；C_2H_6 含量为 0～3.6%，平均值为 1.3%；CO_2 含量为 0～1.9%，平均值为 0.6%；O_2 含量为 0.1%～10.0%，平均值为 1.9%；几乎不含 C_3H_8 和 H_2。

可以发现，龙潭组气体组分以 CH_4 为主，但部分气样仍然含有较高的 N_2，尤其是 RY1 井，部分样品 N_2 含量可高达 70% 以上，反映此处龙潭组页岩气保存条件较差。XY1 井大部分样品气体组分中 CH_4 含量在 90% 以上，可能和此处页岩气保存条件相对较好有关。

6.2.3　等温吸附

本研究开展了龙潭组 XY1 井、RY1 井和煤田钻孔共计 7 个样品的甲烷等温吸附实验，测定 7 个平衡压力点，分别为 0.38 MPa、1.04 MPa、2.26 MPa、4.28 MPa、6.21 MPa、8.60 MPa、10.83 MPa，得到 Langmuir 吸附压力（P_L）和 Langmuir 吸附体积（V_L），如表 6-4 所列。如表 6-4 所列，龙潭组潜质页岩样品饱和吸附量 V_L 为 1.88～8.80 m^3/t，平均为 4.39 m^3/t；P_L 为 1.95～3.76 MPa，平均为 2.91 MPa。7 个样品中饱和吸附量达到 3 m^3/t 以上的有 5 个，在 2～3 m^3/t 之间的有 1 个，说明了龙潭组潜质页岩段具有良好的储集物性特征，在地下压力状态下能吸附较多体积的天然气。

表 6-4　贵州牛蹄塘组潜质页岩样品甲烷等温吸附参数

样品编号	取样井类型	V_L/(cm³/g)	P_L/MPa
XY1-1	页岩气参数井	1.88	1.95
XY1-2	页岩气参数井	5.26	3.76
RY1-1	页岩气参数井	2.13	3.04

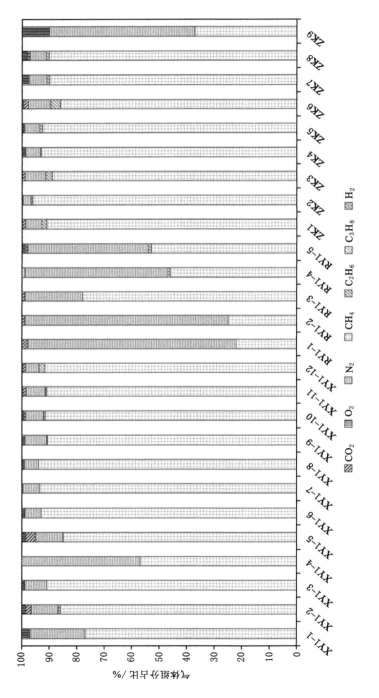

图 6-3　贵州部分参数井利煤田钻孔龙潭组潜质页岩解吸气气体组分

表 6-4(续)

样品编号	取样井类型	$V_L/(cm^3/g)$	P_L/MPa
RY1-2	页岩气参数井	8.80	2.67
ZK1-1	煤田钻孔	3.71	2.66
ZK1-2	煤田钻孔	5.66	4.16
ZK1-3	煤田钻孔	3.31	2.16

6.3　不同沉积环境潜质页岩含气性影响因素

6.3.1　构造演化对含气性的影响

页岩气保存条件主要包括盖层、构造抬升剥蚀作用、断裂、大气水下渗等方面(聂海宽 等,2012;胡东风 等,2014;丁佳彤 等,2023)。戴传固等(2015)将贵州早寒武世牛蹄塘组沉积以来的构造运动划分为雪峰-加里东、海西-印支-燕山、喜马拉雅-新构造运动三个构造旋回期,根据这三个构造旋回期,结合钻井地层数据构建了下寒武统牛蹄塘组潜质页岩和上二叠统龙潭组潜质页岩的埋藏史图(图 6-4,图 6-5)。如图 6-4 所示,雪峰-加里东构造旋回早期,牛蹄塘组潜质页岩被迅速埋藏,有机质发生热变质作用生成石油。杨平等(2014)基于流体包裹体

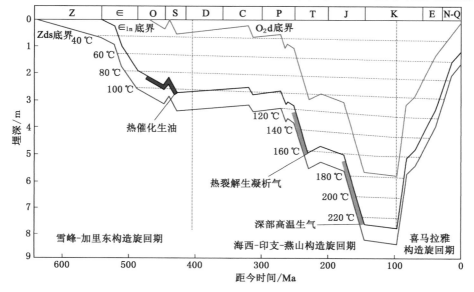

图 6-4　贵州牛蹄塘组潜质页岩油气埋藏史及生烃演化阶段

特征,结合埋藏史、热史恢复指出有机质在距今 470～428 Ma 进入生油门限,是生成石油的主要时期。雪峰-加里东构造旋回晚期,贵州大部分地区整体被抬升,有机质生烃作用中断,早期生成的石油部分逸散(楼章华 等,2006;夏鹏 等,2018a)。贵州在海西-印支-燕山构造旋回期经历了两次持续沉降作用:第 1 次沉降作用距今 252～228 Ma,残留干酪根和石油发生裂解生成湿气,对应有机质热裂解生凝析气阶段;第 2 次沉降作用距今 177～145 Ma,该阶段液态烃含量已很少,富有机质页岩层温度达到 180～200 ℃,湿气和干酪根残渣在高温环境下生成干气(赵泽恒 等,2008;杨平 等,2014)。喜马拉雅构造旋回期,研究区整体处于快速抬升阶段,平均抬升速率约为 60 m/Ma;富有机质页岩层中烃类、流体逸散,是页岩气主要逸散期。

龙潭组潜质页岩主要分布在黔西地区和黔西北地区,因此分别绘制了研究区内盘关向斜和旧普安向斜龙潭组潜质页岩的埋藏史图(图 6-5)。可以发现,龙潭组潜质页岩沉积以来经历了两期沉降作用、一期抬升剥蚀作用和三期生烃作用(窦新钊 等,2012;Lou et al.,2022)。第一期沉降作用发生在晚二叠世～中三叠世期间,研究区整体为稳定的台地,沉积了巨厚的浅海台地相碳酸盐岩,其中研究区西部的盘关向斜内沉积了厚度超过 3 000 m 的中下三叠统,东部中下三叠统厚度更大(例如,旧普安向斜中下三叠统厚度约达到 3 700 m)。第二期沉降作用发生在早侏罗世～中侏罗世期间,研究区为大型陆相湖盆,形成了厚度800～1 200 m 的陆相湖盆沉积,使得龙潭组潜质页岩埋藏深度达到 3 700～4 100 m,超过了晚二叠世～中三叠世期间的埋藏深度。第一期、第二期生烃作用均对应煤的深成变质作用,分别是在两期沉降作用影响下,埋藏深度增加,有机质所处温度、压力升高,进行生烃作用。其中,第一期生烃作用结束时,有机质镜质体反射率为 0.6%～0.7%,对应长焰煤阶段;第二期生烃作用结束时,有机质镜质体反射率为 0.7%～0.9%,对应气煤阶段,生成大量湿气(Ⅲ型干酪根,以生气为主,生油很少)(窦新钊,2012)。第三期生烃作用发生在晚侏罗世～早白垩世。受燕山运动影响,研究区在该时期内发生构造-热事件,形成异常高古地温(地温梯度最高可达 5.5 ℃/100 m),导致潜质页岩发生热变质作用,生成大量烃类。该期结束时,研究区龙潭组潜质页岩有机质镜质体反射率为 0.9%～1.9%,已达到成熟—高成熟阶段。抬升剥蚀作用发生在晚侏罗世～第四纪。其中,在晚白垩世～古新世期间,抬升速度减小。喜马拉雅运动造成整个上扬子地区快速抬升,受抬升作用影响,龙潭组潜质页岩的埋藏深度一般在 1 000 m 以浅,近地表处有次生生物气生成(Lu et al.,2022)。

在多期构造运动的叠加影响下,研究区内黔北地区发育多组断层,断层相互交错、形态复杂。牛蹄塘组页岩气受顶板围岩封堵效果好,断层成为页岩气垂向

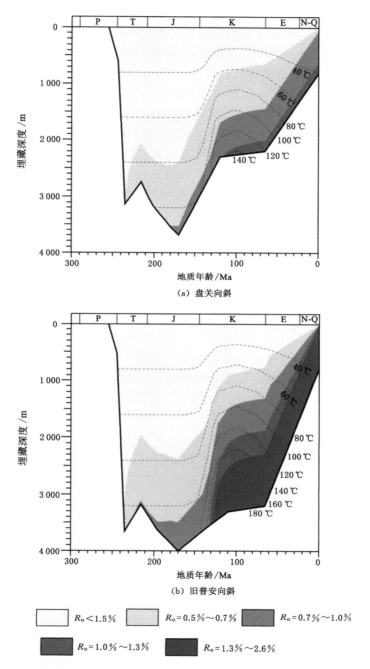

（a）盘关向斜

（b）旧普安向斜

图 6-5　盘关向斜和旧普安向斜龙潭组潜质页岩埋藏史和成熟度演化史

逸散的主要通道。大断层附近多伴生温泉,特别是两组断层交切处和断层与地表水系交接处。贵州温泉属于大气降水下渗至深部地层(主要是震旦系)经加热后反排地表而形成的循环型地热系统,对牛蹄塘组潜质页岩气影响大。受桐湾运动影响,下寒武统牛蹄塘组沉积前,震旦系灯影组暴露地表,风化作用及大气降水淋滤使灯影组发育了一定的溶蚀孔缝,上覆下寒武统牛蹄塘组沉积在灯影组溶蚀孔缝面之上,两套地层之间的不整合面为流体横向运移提供了最初的通道(焦伟伟 等,2017)。此外,小断层组成的断层网络也为流体的横向运移提供了通道(图 6-6)。因此,地热循环系统对页岩气的影响不仅仅局限于大断层附近,受断层网络、溶蚀孔缝面的沟通,可以对页岩气组成特征、保存条件形成区域性影响。相比之下,龙潭组潜质页岩形成时代较晚,主要受喜马拉雅-新构造运动一个构造旋回期的影响,构造运动导致的气体逸散量比牛蹄塘组潜质页岩的气体逸散量小,这可能是导致龙潭组潜质页岩含气性优于牛蹄塘组潜质页岩含气性(表 6-1,表 6-3)的重要原因之一。

6.3.2 地层封闭性对含气性的影响

贵州牛蹄塘组页岩气盖层以明心寺组、金顶山组、九门冲组和沧浪铺组泥岩为主(图 1-4),这些泥岩层平面上分布稳定,垂向上厚度大,封盖条件好,能有效阻止牛蹄塘组潜质页岩中页岩气向上逸散。中国地质调查局成都地质调查中心针对黔北地区,选择气水介质模拟了上覆压力 70 MPa、温度 75 ℃、地层压力 15 MPa 条件下牛蹄塘组页岩气盖层的突破压力,实验结果显示该突破压力为 19.5～25.6 MPa,平均压力为 21.1 MPa,说明牛蹄塘组上覆盖层封盖能力好,有利于保存页岩气(闫剑飞,2017)。龙潭组上覆地层以长兴组、汪家寨组或飞仙关组泥岩为主(图 1-4,图 2-13),这些泥岩层分布稳定、厚度大、封盖条件好,能够较好地阻止龙潭组潜质页岩中页岩气向上逸散,有利于页岩气保存(朱立军 等,2019)。

相比上覆地层,牛蹄塘组下伏地层的封闭性较差,且区域特征明显。在贵州毕节、遵义等地区,牛蹄塘组下伏地层为震旦系灯影组[图 6-7(a)、图 6-7(c)],灯影组岩性为白云岩,与上覆牛蹄塘组呈角度不整合接触,且灯影组白云岩遭受溶蚀,导致接触面凹凸不平[图 2-3(c)、图 6-7(b)]。在贵州铜仁、黔东南等地区,牛蹄塘组下伏地层为震旦系老堡组,老堡组岩性为硅质岩,与牛蹄塘组呈整合接触(付勇 等,2021a,2021b;Xia et al.,2022)。牛蹄塘组潜质页岩下伏地层的差异导致牛蹄塘组潜质页岩含气性差异较大,主要表现为:当下伏地层为老堡组硅质岩时,对牛蹄塘组潜质页岩中页岩气的封闭性较好,能够较好地保存页岩气;当下伏地层为灯影组白云岩时,由于风化作用及大气降水淋滤使灯影组发育了

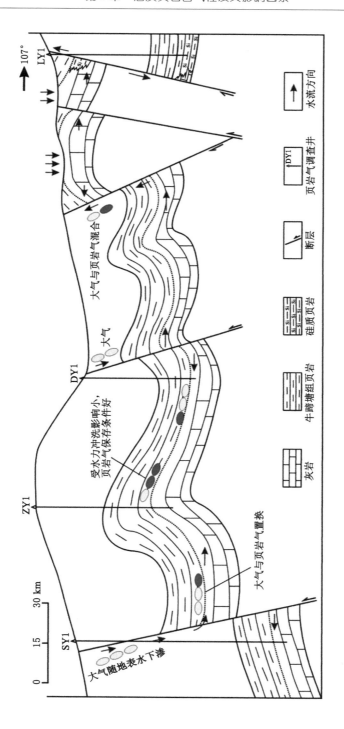

图 6-6　循环型地热系统对牛蹄塘组页岩气作用模型

一定的溶蚀孔缝,对牛蹄塘组潜质页岩中页岩气的封闭性较差,两套地层之间的不整合面为流体横向运移提供了最初的通道(焦伟伟 等,2017;夏鹏 等,2018)。

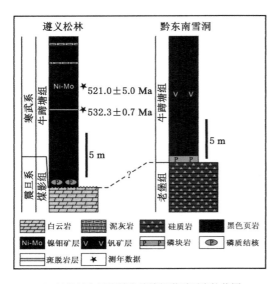

（a）松林镇和雪洞镇牛蹄塘组潜质页岩柱状图

（b）牛蹄塘组潜质页岩与下伏灯影组白云岩不整合接触

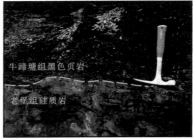

（c）牛蹄塘组潜质页岩与下伏老堡组硅质岩整合接触

图 6-7　牛蹄塘组下伏地层岩性及其与牛蹄塘组接触关系

　　龙潭组下伏地层为峨眉山玄武岩组,是一套疏松多孔的火山喷出岩(贵州省地质调查研究院,2017)。一方面玄武岩性质稳定,不易溶蚀和风化,对龙潭组潜质页岩中页岩气的封闭能力较好;另一方面,玄武岩疏松多孔,会导致龙潭组潜质页岩中部分页岩气向下逸散,但逸散量较小(张若祥,2006;冯仁蔚 等,2008)。整体上,龙潭组下伏地层对龙潭组页岩气的封存条件要优于牛蹄塘组下伏地层对牛蹄塘组页岩的封存条件。

6.3.3　页岩地球化学性质对含气性的影响

　　页岩地球化学指标主要控制吸附气含量,页岩中的分散有机质能够提高页岩的吸附能力,因为分散有机质也是一种活性非常强的吸附剂,如潜质页岩中的残留沥青,沥青含量的高低也是影响页岩吸附气含量的重要因素。以牛蹄塘组潜质页岩为例,对比不同有机质丰度潜质页岩样品的吸附能力,结果表明 TOC含量对页岩吸附能力有明显影响,随着 TOC 含量增加,页岩吸附能力逐渐增强

（图 6-8）。通过牛蹄塘组潜质页岩 TOC 含量与含气量的相关图也可以发现 TOC 含量与含气量具有密切的关系,即 TOC 含量升高,潜质页岩含气量增加（图 6-9）。

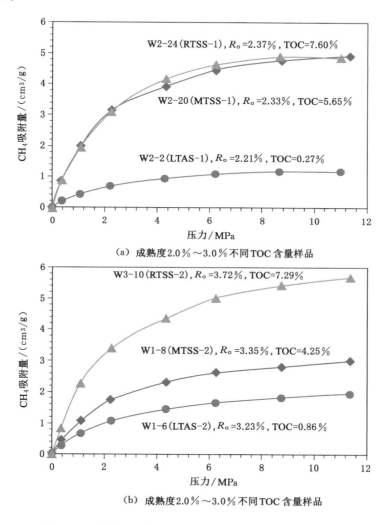

图 6-8　不同有机质丰度和成熟度页岩甲烷等温吸附曲线

　　通过对北美多数盆地的研究发现页岩中有机碳的含量与页岩产气率之间呈线性关系,因此有机碳含量是决定页岩产气能力的重要变量(Jarvie et al.,2007)。页岩中有机质含有大量微孔隙,对气体有较强的吸附能力,并且随着有机碳含量的增加,相应的页岩吸附气量也增加。Ross 等(2008)对加拿大东部侏

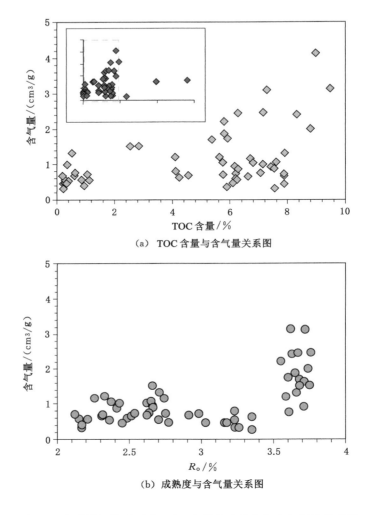

（a）TOC 含量与含气量关系图

（b）成熟度与含气量关系图

图 6-9　牛蹄塘组潜质页岩 TOC 含量和成熟度与含气量的关系图

罗系 Gordondale 地层的研究发现，有机碳含量较高的钙质或硅质页岩对吸附态页岩气具有更高的储存能力。在相同的地质条件及演化阶段下，页岩生烃强度、吸附气量及新增游离气能力与页岩中有机碳含量呈明显的线性正相关关系。实验分析结果表明，页岩含气量（吸附气及游离气总量）随页岩有机碳含量的增加而增加（Boyer et al.，2006）。福特沃斯盆地 Barnett 页岩气藏生产研究也同样表明，气体产量大的地方有机碳含量相应也高（Bowker，2007）。关于页岩气藏形成的有机碳含量下限值，很多学者都进行过研究（Schmoker，1981；Bowker，

2007;张金川,2017)。美国五大页岩气系统页岩总有机碳含量较高,分布范围大
(0.5%~25%)(王祥 等,2010;邹才能 等,2021)。由于有机碳的吸附特征,有机
碳含量直接控制着页岩的吸附气含量,因此,要获得具有工业价值的页岩气藏,
有机碳的平均含量一般应大于 2%,但随着开采技术的进步,有机碳含量的下限
值可能会降低至 0.3%。

　　沉积岩石中分散有机质的丰度和成烃母质类型是油气生成的物质基础,而
有机质成熟度则是油气生成的关键。干酪根只有达到一定的成熟度才能开始大
量生烃和排烃,不同类型的干酪根在热演化的不同阶段生烃量也不同(王祥 等,
2010;卢双舫 等,2017)。美国主要产页岩气盆地页岩成熟度变化较大,分布范
围为 0.4%~2.0%,从未成熟到成熟均有发现,表明在有机质生烃的整个过程都
有页岩气的生成(苗雅楠 等,2017;饶松 等,2022)。根据页岩成熟度可将页岩
气藏分为高成熟度页岩气藏、低成熟度页岩气藏以及高低成熟度混合页岩气藏。
低成熟度页岩气藏主要是生物成因,基本上为埋藏后抬升,经历淡水淋滤而形成
的二次生气(Martini et al.,2003;Lu et al.,2022)。密执安盆地 Antrim 页岩的
镜质体反射率仅为 0.4%~0.6%,显示了较低的热成熟度并处在生物气阶段,为
低成熟度页岩气藏。圣胡安盆地 Lewis 页岩气藏和福特沃斯盆地中 Barnett 页
岩气藏中的天然气主要来源于热成熟作用,为高成熟度页岩气藏。阿巴拉契亚
盆地在成熟度较高的区域才有页岩气产出(Milici et al.,2006)。成熟度不仅决
定天然气的生成方式,而且决定气体的组分构成(聂海宽 等,2009)。页岩气藏
生产的天然气除甲烷之外还有二氧化碳、氮气、乙烷甚至丙烷等;二氧化碳在生
物成因的页岩气藏中更为常见。页岩成熟度同时还控制着气体的流动速度(聂
海宽 等,2009),由于气体成因和赋存方式不同,高成熟度页岩气藏比低成熟度
页岩气藏的气体流动速度要快(Jarvie et al.,2007)。随着成熟度增加,到高成熟
演化阶段,残留的干酪根和已生成的原油继续裂解成为天然气,导致产气速度增
加,气体的流动速度也相应加快(Wang et al.,2023;Hui et al.,2023)。

　　页岩矿物组成也影响页岩的吸附能力,进而影响页岩含气性,通常随石英、
黏土矿物(尤其是蒙脱石)含量的增加,页岩的吸附能力增强,而随碳酸盐含量的
增加,页岩吸附能力减弱(Xia et al.,2021;丛奇 等,2022)。在常规储层中,物性
指标是储层特征研究中的主要参数,这对于页岩气积聚同样适用。页岩的物性
指标主要包括孔隙度、渗透率、厚度、密度等,这些指标均影响着页岩的含气量,
包括吸附气含量和游离气含量。而深度、温度、压力等外部条件在一定范围内影
响着页岩气的积聚。如在一定的深度条件下,不同的有机碳含量、不同的压力导
致的页岩含气量不同,在浅部地区,即使含气量低也可能具有工业价值。本次主
要研究了页岩地球化学指标、矿物组成、物性特征等内部因素及深度、温度和压

力等外部条件对页岩含气量的影响。

干酪根类型也影响气体含量、赋存方式及气体成分。不同类型的干酪根,其微观组分不一样,而微观组分也是控制气体含量的主要因素。页岩中干酪根的类型可以为我们提供有关烃源岩可能的沉积环境的信息。干酪根的类型不但对岩石的生烃能力有一定的影响作用,而且可以影响天然气吸附率和扩散率。一般来说,在湖沼沉积环境形成的煤系地层的泥页岩中,富含有机质,并以腐殖质的Ⅲ型干酪根为主,有利于低成熟度条件下天然气的形成和吸附富集,煤层气的生成和富集成藏也正好说明了这一点(煤层中有机质的含量更加丰富,煤层的含气率一般为页岩含气率的2~4倍)。在半深湖-深湖相、海相沉积的泥页岩中,Ⅰ型干酪根的生烃能力要远高于Ⅱ型或Ⅲ型干酪根,但是吸附能力则相反,即Ⅲ型>Ⅱ型>Ⅰ型,这在实验中得到了证实。

6.3.4 页岩厚度和埋深对含气性的影响

泥页岩的厚度和埋深也是控制页岩气成藏的关键因素,通常,要形成工业性的页岩气藏,页岩必须达到一定的厚度并且具有一定的埋藏深度,这样具有了一定量的有机质物质基础和温度、压力等环境条件,才能成为有效的烃源岩层和储集层。页岩厚度和分布面积是保证页岩气藏有足够的有机质及充足的储集空间的重要条件。页岩厚度同时控制着页岩气藏的经济效益,根据页岩厚度及展布范围可以判断页岩气藏的边界(秦建中 等,2005;聂海宽 等,2009;张金川,2017)。在页岩气藏形成基本条件的限定下,页岩厚度越大,所含有机质就越多,天然气生成量与滞留量也就越大,页岩气藏的含气丰度越高,保存条件越好(图6-10)。要形成一定规模的页岩气藏,页岩厚度一般应在有效排烃厚度以上,然而具有经济价值页岩气藏的页岩厚度下限还没有明确,相关方面的研究探索还需要持续进行(Bowker,2007)。美国主要页岩气勘探开采区的页岩净厚度为9.14~91.44 m,其中产气量较高的Barnett页岩和Lewis页岩的平均厚度在30.48 m以上(张金川,2004)。此外,页岩厚度还可由有机碳含量的增加和成熟度的升高而适当减小,因为这二者的升高能够提高产气效率,从而可以在一定程度上弥补页岩厚度的不足。从页岩气产业发展趋势来看,由于页岩气藏钻、完井技术在不断进步,因此只要在技术允许、经济合理范围内的页岩厚度都会是有效页岩厚度,这可能也是难以确定具经济价值的页岩气藏的页岩厚度的原因之一。

深度直接控制着页岩气藏的经济价值及其经济效益,美国目前已发现的页岩气藏主要分布在200~3 658 m范围的4个深度段(张金川,2017;邹才能 等,2021),分别是:① 深度段小于1 000 m,伊利诺斯盆地New Albany页岩气藏和密执安盆地Antrim页岩气藏大约有9 000口井,深度范围是200~610 m;② 深

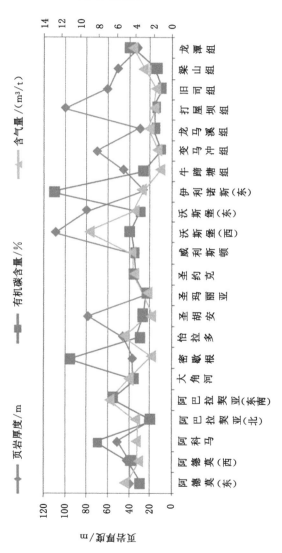

图 6-10　页岩厚度、有机碳含量及含气量关系曲线图

度段为 1 000～1 600 m,阿巴拉契亚盆地 Ohio 页岩气藏和圣胡安盆地 Lewis 页岩气藏大约有 20 000 口井,分布深度为 915～1 524 m;③ 深度段为 1 600～2 600 m,福特沃斯盆地 Barnett 页岩气藏和阿科马盆地 Fayeteville(Arkansas)和 Caney(Oklahoma)页岩气藏分布较深,为 1 981～2 591 m;④ 深度段为 2 600～3 600 m,如帕洛杜罗盆地 Bend 页岩气藏中气井分布的深度为 2 515～2 896 m,阿科马盆地 Woodford 页岩气藏气井深度分布范围是 1 729～3 657 m,黑勇士盆地 Floyd 页岩气藏气井分布的深度为 1 524～3 658 m。由此可见,页岩气藏深度变化较大,深度不是页岩气藏发育的决定因素,关键问题是该页岩气藏是否具有商业开发价值。随着科技和工艺的进步,埋藏更深的页岩气藏也将得到开发。但深度不同,页岩气藏的特征也有较大差别(表 6-5)。

表 6-5 页岩气藏埋藏深度与气藏特征

深度范围/m	有机质成熟度	页岩气成因	含气饱和度	吸附气含量	孔渗性	吸附曲线形态	储层压力	开发成本
<1 000	低成熟	生物成因,热成因	低气体饱和度	高吸附气含量	高孔高渗(相对)	陡峭的等温吸附曲线	低压力	低成本
>1 000	高成熟	热成因	高气体饱和度	低吸附气含量	低孔低渗(相对)	平缓的等温吸附曲线	高压力	高成本

温度主要影响吸附气含量,温度升高,气体分子的运动速度加快,降低了吸附态天然气的含量,这也是福特沃斯盆地 Barnett 页岩气藏中吸附气含量较低的原因之一。一般情况下,随着压力的增大,无论以何种赋存方式存在的气体,含量都呈增大趋势,但压力增大到一定程度以后,气体含量增加缓慢,因为孔隙和矿物、有机质的表面是一定的,前者控制游离态气体含量,后者控制吸附态气体含量。当压力较低时,吸附态气体含量相对较高,如圣胡安盆地 Lewis 页岩气藏具有异常低地层压力梯度,为 4.97 kPa/m,其吸附态天然气含量高达 88%,而福特沃斯盆地 Barnett 页岩气藏具有微超高压力梯度的特征,为 12.21 kPa/m,其吸附态气体含量最高为 60%,最低为 40%(Curtis,2002)。

6.3.5 页岩孔渗性对含气性的影响

在常规储层分析中,孔隙度和渗透率是储层特征研究中最重要的两个参数,这对于页岩气藏同样适用。页岩中可能含有大量的孔隙,并且这些孔隙中含有大量的游离态天然气,孔隙度直接控制着游离态天然气含量(聂海宽 等,2009)。一般来说,孔体积越大,所含的游离气量就越大。Ross 等(2006)发现,当孔隙度从 0.5％增大到 4.2％时,游离态气体含量从原来的 5％上升到 50％(图 6-11)。
相对于大孔隙而言,微孔对吸附态页岩气的存储具有重要影响。微孔总体积越
大,比表面积越大(钟玲文 等,2002;许满贯 等,2009;Xia et al.,2021),对气体分
子的吸附能力也就越强(Lozano-Castelló et al.,2002)。Chalmers 等(2008)认
为孔隙度与页岩的气体总含量之间呈正相关关系,即页岩的气体总含量随页岩
孔隙度的增大而增大。渗透率在一定程度上影响页岩气的赋存形式,主要影响
页岩层中游离态气体的存储。页岩层渗透率越大,游离态气体的储集空间就越
大。页岩的基质渗透率非常低,一般小于 $0.1×10^{-3}$ μm^2,平均吼道半径不到
0.005 μm(Bowker,2007),但会随裂缝的发育而大幅度提高。储层总渗透率与
储层中天然裂缝系统的发育程度一致,通常可以通过测井和生产数据分析来

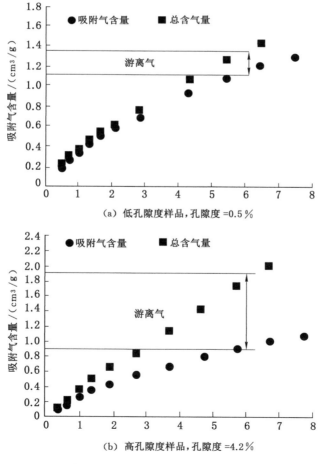

(a) 低孔隙度样品,孔隙度 =0.5％

(b) 高孔隙度样品,孔隙度 =4.2％

图 6-11　孔隙度对游离气含量的影响

确定。页岩具有低的渗透率,因此需要产生大量的人工压裂裂缝来维持商业生产。渗透率是判断页岩气藏是否具有开发经济价值的重要参数。

6.3.6 页岩润湿性对含气性的影响

页岩的润湿性直接影响吸附态天然气含量。岩石润湿后,因为水比气吸附性能好,从而会占据部分活性表面,导致甲烷吸附容量降低(Siddiqui et al.,2018;刘杰 等,2023)。润湿性往往随页岩成熟度的增加而减小,故成熟度高的页岩含气量可能更高。密执安盆地 Antrim 页岩气藏、伊利诺斯盆地 New Albany 页岩气藏以及阿巴拉契亚盆地北部湖区 Ohio 页岩气藏的润湿性均较大,含气饱和度较低,而演化程度较高的阿巴拉契亚盆地南部 Ohio 页岩气藏、圣胡安盆地 Lewis 页岩气藏和福特沃斯盆地 Barnett 页岩气藏则含水较少,平均含水饱和度为 25%(Bowker,2003),含气量较高。含水量高将降低气体的生产速度,导致处理产出水的麻烦,所以有利的页岩气区应该是产水较少的区域。

第 7 章　潜质页岩沉积环境-
岩相-储层性质耦合关系

沉积环境是影响页岩组成和结构的重要因素,包括页岩元素组成、矿物组成和有机质组分,以及它们之间的组合关系(王淑芳 等,2014;朱筱敏,2020;付勇等,2021a;张金亮,2022),因此沉积环境决定了页岩的岩相类型(宁诗坦 等,2021;彭思钟 等,2022;Liang et al.,2022)。页岩岩相包含了页岩中的物质组成和结构,因此不同岩相页岩中物质组成的差异以及结构差异会导致页岩储层存在差别。本章将在前述几章研究的基础上,综合牛蹄塘组潜质页岩和龙潭组潜质页岩沉积环境、岩相和储层性质方面的特征,分析海相潜质页岩和海陆过渡相潜质页岩沉积环境、岩相和储层性质之间的耦合关系,希望能够为研究区页岩气勘探开发研究提供新的参考和思路。

7.1　海相潜质页岩沉积环境-岩相-储层性质耦合关系

下寒武统牛蹄塘组沉积时期,贵州发育隆起、滨海、浅水陆棚、深水陆棚、斜坡和深水盆地(图 2-1,图 2-2),其中潜质页岩主要发育在陆棚、斜坡和盆地环境(Xia et al.,2022;Mou et al.,2024)。

不同环境下潜质页岩岩相类型存在明显差异,其中,陆棚相潜质页岩矿物成分以石英和黏土矿物为主(表 7-1),其中石英含量为 40.5%～71.0%,平均值为 49.6%;黏土矿物含量为 13.3%～68.0%,平均值为 36.4%。此外,还有少量长石(平均含量为 7.8%)、方解石(平均含量为 2.0%)、白云石(平均含量为 2.2%)和黄铁矿(平均含量为 1.5%)。岩相类型以富黏土硅质页岩为主,占比达到 70.37%,其次为硅质页岩和富硅黏土质页岩,占比均为 11.11%,黏土/硅混合页岩占 7.41%(图 7-1)。

斜坡相潜质页岩矿物成分以石英为主,含量为 34.0%～71.0%(表 7-2),平均值为 54.8%;其次为黏土矿物,含量为 8.0%～41.0%,平均值为 26.2%;还有

表7-1 贵州陆棚相牛蹄塘组潜质页岩矿物组成和岩相类型

地区	地点	矿物组成/%						岩相	沉积相
		石英	长石	方解石	白云石	黄铁矿	黏土矿物		
遵义	凤冈凤参1井	40.5	23.6	6.9	0	4.0	19.6	硅质页岩	陆棚
贵阳	观山湖区百花湖	42.0	22.0	0	5.0	6.0	25.0	富黏土硅质页岩	陆棚
贵阳	贵阳龙水	66.0	1.0	0	0	0	30.0	富黏土硅质页岩	陆棚
黔南	惠水孟寨	48.0	15.0	0	0	0	37.0	富黏土硅质页岩	陆棚
毕节	金沙JY1井	35.3	5.5	6.6	0	3.6	48.7	富硅黏土质页岩	陆棚
贵阳	开阳芭蕉寨	60.0	2.0	1.0	0	0	37.0	富黏土硅质页岩	陆棚
贵阳	开阳磷矿	54.0	1.0	0	0	0	45.0	富黏土硅质页岩	陆棚
贵阳	开阳双流	57.0	5.0	0	0	0	38.0	富黏土硅质页岩	陆棚
遵义	湄潭剖面	50.0	0	5.0	6.0	0	32.0	富黏土硅质页岩	陆棚
贵阳	清镇温水村	42.0	22.0	0	5.0	6.0	25.0	富黏土硅质页岩	陆棚
遵义	仁怀RY1井	54.8	6.0	3.5	1.8	3.3	30.6	富黏土硅质页岩	陆棚
铜仁	石阡中坝	49.0	5.0	11.0	0	0	35.0	富黏土硅质页岩	陆棚
遵义	松林大巴	42.0	4.0	0	22.0	6.0	26.0	黏土/硅混合页岩	陆棚
贵阳	翁昭中院	51.0	1.0	0	5.0	4.0	39.0	富黏土硅质页岩	陆棚
黔南	瓮安剖面	62.0	0	1.5	0	0.5	36.0	富黏土硅质页岩	陆棚
黔南	瓮安庙湾	45.0	7.0	0	0	0	48.0	富黏土硅质页岩	陆棚
黔南	瓮安小河山	53.0	14.0	0	0	0	33.0	富黏土硅质页岩	陆棚
黔南	瓮安水和	63.0	2.0	0	2.0	0	33.0	富黏土硅质页岩	陆棚
毕节	岩孔箐口	14.0	18.0	0	0	0	68.0	富硅黏土质页岩	陆棚

表 7-1（续）

| 地区 | 地点 | 矿物组成/% | | | | | | 岩相 | 沉积相 |
		石英	长石	方解石	白云石	黄铁矿	黏土矿物		
铜仁	沿河夹石	43.0	5.0	0	0	0	52.0	富硅黏土质页岩	陆棚
遵义	余庆小腮	71.0	6.0	0	0	0	23.0	硅质页岩	陆棚
遵义	正页 1 井	42.5	29.6	4.2	4.0	5.1	13.3	硅质页岩	陆棚
毕节	织金桂果	51.0	1.0	7.0	2.0	1.0	38.0	富黏土硅质页岩	陆棚
遵义	遵义剖面	44.0	0	6.0	1.0	0	49.0	黏土/硅混合页岩	陆棚
遵义	遵义金顶山	56.0	6.0	0	6.0	0	32.0	富黏土硅质页岩	陆棚
遵义	遵义毛石	56.0	2.0	0	0	0	42.0	富黏土硅质页岩	陆棚
遵义	遵义松林	46.0	6.0	0	0	0	48.0	富黏土硅质页岩	陆棚
平均值		49.6	7.8	2.0	2.2	1.5	36.4		

表 7-2 贵州斜坡相牛蹄塘组潜质页岩矿物组成和岩相类型

地区	名称	矿物组成/%						岩相	沉积相
		石英	长石	方解石	白云石	黄铁矿	黏土矿物		
黔东南	丹寨南皋	57.5	5.8	1.7	0	1.2	31.6	富硅钙质页岩	斜坡
黔东南	黄平 HY1 井	52.2	17.8	6.3	5.6	0.3	17.9	富黏土硅质页岩	斜坡
铜仁	江口桃映	58.0	10.0	0	0	10.0	22.0	富黏土硅质页岩	斜坡
黔东南	凯里剖面	54.0	0	0	0	0	41.0	富黏土硅质页岩	斜坡
黔东南	凯里下司	59.0	4.0	0	0	0	32.0	富黏土硅质页岩	斜坡
黔东南	麻江剖面	62.0	4.0	2.0	3.0	0	25.0	富黏土硅质页岩	斜坡
铜仁	松桃剖面	60.0	1.0	5.0	0	3.0	30.0	富黏土硅质页岩	斜坡
铜仁	松桃林朝沟	60.0	6.0	0	0	0	34.0	富黏土硅质页岩	斜坡
铜仁	松桃牛郎	49.0	16.0	0	0	0	35.0	富黏土硅质页岩	斜坡
铜仁	松桃世昌	34.0	0	5.0	48.0	5.0	8.0	富黏土硅质页岩	斜坡
铜仁	印江石梁	52.0	12.0	0	0	0	36.0	硅质页岩	斜坡
黔东南	镇远剖面	44.0	0	2.0	13.0	5.0	33.0	硅质页岩	斜坡
黔东南	镇远都坪	52.0	8.0	4.0	4.5	3.5	27.0	硅质页岩	斜坡
黔东南	镇远火车站	58.0	15.0	0	11.0	5.0	11.0	硅质页岩	斜坡
黔东南	镇远江古	71.0	14.0	0	5.0	0	10.0	黏土/硅混合页岩	斜坡
	平均值	54.8	7.6	1.7	6.0	2.2	26.2		

少量长石(平均含量为 7.6%)、方解石(平均含量为 1.7%)、白云石(平均含量为 6.0%)和黄铁矿(平均含量为 2.2%)。岩相类型以富黏土硅质页岩为主,占比 60.0%,其次为硅质页岩,占比 26.6%,富硅钙质页岩和黏土/硅混合页岩占比均为 6.7%(图 7-1)。

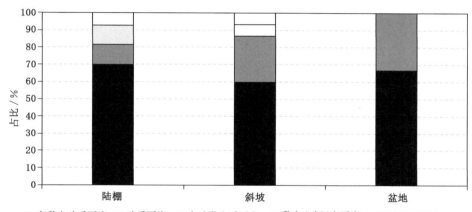

图 7-1　不同环境下牛蹄塘组潜质页岩岩相类型

盆地相潜质页岩石英含量为 46.0%～66.1%(表 7-3),平均值为 56.4%;黏土矿物含量 17.1%～39.0%,平均值为 28.8%;长石、方解石、白云石和黄铁矿的平均含量分别为 7.1%、2.5%、2.0% 和 2.6%。如图 7-1 所示,盆地相潜质页岩岩相类型包括富黏土硅质页岩和硅质页岩,其中富黏土硅质页岩占比 66.7%,硅质页岩占比 33.3%。

可以发现,斜坡相潜质页岩和盆地相潜质页岩矿物组成和岩相类型较为相似,但它们与陆棚相潜质页岩存在明显差别,主要表现为:① 陆棚相潜质页岩黏土矿物含量更高,石英含量相对较少;② 陆棚相潜质页岩富硅黏土质页岩和富黏土硅质页岩占比相对较高,而硅质页岩占比较低。导致不同环境矿物组成和岩相类型差异的原因是,下寒武统牛蹄塘组沉积时期,上扬子板块的贵州西部水体浅,为陆棚相,向东部依次为斜坡相和盆地相,由西向东水体逐渐变深,陆源物质主要来自西部上扬子西缘的彭灌古陆、宝兴古陆、泸定古陆、滇中古陆和牛首山古陆(贵州省地质调查院,2017)。陆源碎屑注入导致西部台地相黏土矿物含量高于东部斜坡相和盆地相黏土矿物含量(付勇 等,2021a;Xia et al.,2022)。斜坡相和盆地相潜质页岩中长英质矿物含量高于陆棚相潜质页岩中长英质矿物含量,海底热液喷流可能是导致斜坡和盆地中硅质含量高的主要原因(夏鹏 等,2020;Xia et al.,2022)。

表 7-3 贵州盆地相牛蹄塘组潜质页岩矿物组成和岩相类型黔东南

| 地区 | 地点 | 矿物组成/% | | | | | | 岩相 | 沉积相 |
		石英	长石	方解石	白云石	黄铁矿	黏土矿物		
黔东南	岑巩 TX1 井	54.4	8.9	2.2	7.9	8.7	17.8	硅质页岩	盆地
黔东南	丹寨翻仰	54.0	9.0	0	1.0	0	36.0	富黏土硅质页岩	盆地
黔南	荔波洞独	63.0	3.0	0	0	0	34.0	富黏土硅质页岩	盆地
黔南	三都剖面	55.0	0	4.0	0	0	36.0	富黏土硅质页岩	盆地
黔南	三都水硐	65.0	3.5	0	0.5	0	31.0	富黏土硅质页岩	盆地
黔东南	台江九龙山	47.0	12.5	0	0	1.5	39.0	富黏土硅质页岩	盆地
铜仁	铜仁市区附近	66.1	6.0	0.6	9.0	1.2	17.1	硅质页岩	盆地
黔东南	镇远清溪	57.0	13.0	0	0	9.0	21.0	硅质页岩	盆地
黔东南	镇远五里坡	46.0	8.0	16.0	0	3.0	27.0	富黏土硅质页岩	盆地
平均值		56.4	7.1	2.5	2.0	2.6	28.8		

针对贵州省东西部牛蹄塘组潜质页岩沉积相和矿物组成的显著差异,分别选取西部陆棚相和东部盆地相的典型页岩气参数井对比古环境演化与岩相的关系,其中陆棚相区代表参数井为金沙县 JY1 井,盆地相区代表参数井为岑巩县 TX1 井,两口参数井的潜质页岩岩相垂向变化及沉积古环境演化对比如图 7-2 所示。

JY1 井牛蹄塘组潜质页岩下部以硅质页岩和黏土/硅混合页岩为主,上部以富硅黏土质页岩为主,整体表现为从下部到上部,潜质页岩中黏土矿物含量逐渐增加,由硅质页岩向黏土质页岩转变。TX1 井牛蹄塘组潜质页岩下部以硅质页岩为主,上部以富黏土硅质页岩为主,夹少量硅质页岩,整体表现为从下部到上部,潜质页岩中黏土矿物含量逐渐增加,长英质矿物含量减少,由硅质页岩向富黏土硅质页岩转变。

前人研究表明,在牛蹄塘组沉积的早期,贵州西部主要为陆棚,东部为斜坡和盆地(贵州省地质调查院,2017;Li et al.,2020;Xia et al.,2022)。当快速海侵时,西部陆棚水体较浅,水体的含氧量较高,沉积环境为氧化环境,主要沉积矿物以与陆源物质相关的黏土矿物为主;东部斜坡和盆地水体逐渐变深,水体含氧量逐渐降低,逐渐成为厌氧的还原环境,主要沉积矿物为生物或热液形成的硅质矿物(Wei et al.,2012;Jia et al.,2018;魏帅超 等,2018)。到了牛蹄塘组沉积后期,海水逐渐退去,水体变浅,陆源碎屑影响加大,导致上部页岩中黏土矿物含量明显高于下部页岩中黏土矿物含量。因此在总的垂向沉积上,牛蹄塘组潜质页岩沉积早期水体环境为厌氧环境,到后期随着水体变浅,水体环境逐渐转变为贫氧环境乃至氧化环境,这就导致了上部沉积的页岩黏土矿物含量增加(Yeasmin et al.,2017;Jin et al.,2020;Xia et al.,2022)。

如图 7-2 所示,厌氧环境下有机质富集的程度更高,说明有利的保存条件是决定牛蹄塘组潜质页岩有机质富集的主要因素之一。此外,潜质页岩中有机质与硅质含量(长英质矿物)之间具有明显的正相关性(图 7-3),反映出硅质中有相当一部分属于生物成因硅(Li et al.,2019)。说明有机质的富集不仅受到氧化还原环境的影响,同时,不同的岩相中有机质的富集规律和特征也存在明显差异。

铀(U)化学性质活跃,受氧化和淋滤的影响,其迁移能力强,钍(Th)为惰性元素,它的迁移能力弱,因此可以利用 U/Th 来判定氧化还原环境,U/Th<0.75 为氧化环境,U/Th>1.25 为弱还原环境(Wignall et al.,1996;Tribovillard et al.,2006;Ross et al.,2009a)。如图 7-3 所示,TX1 中 U/Th 和 TOC 含量呈正相关关系,说明在厌氧环境下,硅质页岩 TOC 含量增加。JY1 中,黏土质页岩同样存在在厌氧环境下,TOC 含量增加的情况,但黏土质页岩的正相关性比硅

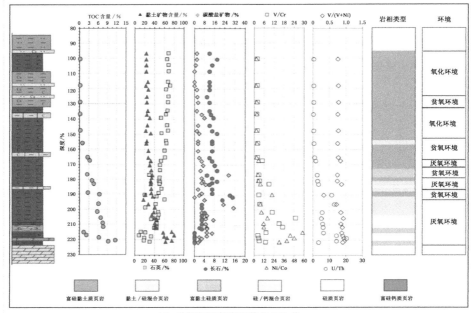

（a）陆棚相区代表参数井 JY1 井

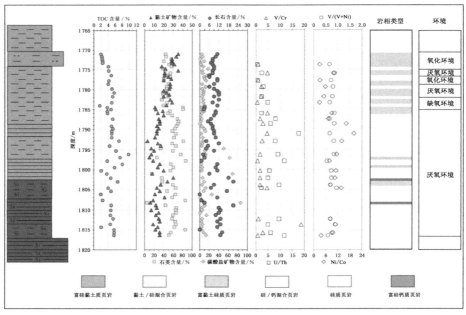

（b）盆地相区代表参数井 TX1 井

图 7-2　贵州不同相区牛蹄塘组潜质页岩岩相和氧化还原环境特征

质页岩的相关性更高。这些结果佐证了在不同的氧化还原环境下,有机质的富集规律也有所不同,总体表现为在越缺氧的还原环境下,有机质富集程度越高。

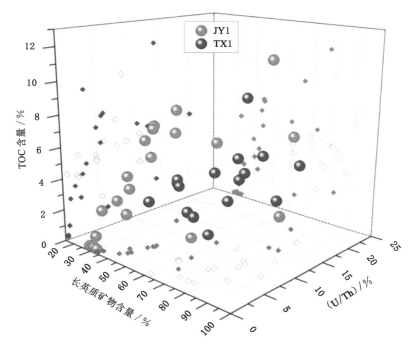

图 7-3　TOC 含量、U/Th 和长英质矿物关系图

如图 7-4 所示,盆地相和陆棚相均具有较丰富的有机质,均可形成富有机质的潜质页岩。本研究样品中盆地相潜质页岩 TOC 含量为 1.71%～9.81%,平均含量为 4.54%,陆棚相潜质页岩 TOC 含量为 0.19%～11.48%,平均含量为3.63%,盆地相页岩平均 TOC 含量略高于陆棚相页岩平均 TOC 含量,原因可能是:① 深水盆地受海侵之后,水体深度较小,沉积时水体较为稳定,水体环境为厌氧的还原环境,更有利于有机质的保存(Yeasmin et al.,2017;付勇 等,2021b);② 陆棚相受陆源碎屑影响程度相对较大,导致有机质受到的稀释程度更大(Li et al.,2020;付勇 等,2021a;Xia et al.,2022)。同一环境下不同岩相页岩 TOC 含量也存在较明显的差别。例如,陆棚环境下,富硅黏土质页岩 TOC 含量介于 0.19%～4.60%,平均含量为 1.74%,远低于硅质页岩 TOC 含量(介于 1.28%～11.48%,平均含量为 5.30%)和黏土/硅混合页岩 TOC 含量(介于2.46%～7.57%,平均含量为 6.00%);盆地环境下,富黏土硅质页岩 TOC 含量介于 1.71%～6.70%,平均含量为 3.75%,略低于硅质页岩 TOC 含量(介于1.97%～9.81%,平均含量为 4.84%)(图 7-4)。这些结果

表明,随着页岩中黏土质含量增加,TOC含量逐渐减小,硅质页岩中有机质比黏土质页岩中的丰富,这与其他关于研究区牛蹄塘组海相潜质页岩的研究结论一致(周文喜,2017;Xia et al.,2022),也与其他地区海相潜质页岩研究结果相符(赵建华等,2016;袁桃 等,2020)。

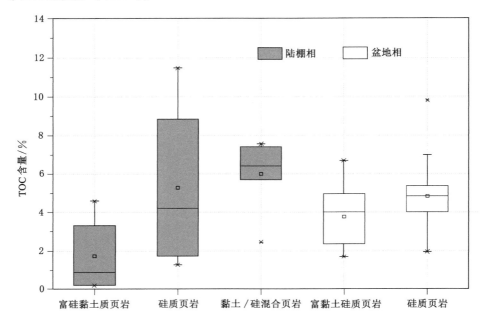

图 7-4　牛蹄塘组不同沉积环境和岩相潜质页岩与 TOC 含量分布特征

7.2　海陆过渡相潜质页岩沉积环境-岩相-储层性质耦合关系

　　晚二叠世,上扬子地区地势西高东低,海水自北东方、东方和南方向西方侵入,区内沉积环境自西向东依次为冲积平原-河流沉积体系、三角洲沉积体系、潟湖-潮坪沉积体系以及碳酸盐岩台地体系(郑和荣 等,2010;邵龙义 等,2013)。何燚(2021)研究了该页岩沉积相与岩相的关系,发现海相沉积环境稳定,页岩岩相分布均匀,页岩岩相集中,黏土矿物三端元岩相中主要分布伊绿黏土页岩相和混层黏土页岩相页岩,在本书采用的主要矿物三端元(表 2-2)中主要分布硅质页岩相和黏土质页岩相;海陆过渡相沉积环境虽然只有分流间湾、潟湖、潮坪和泥炭沼泽,但是页岩变化复杂,黏土矿物转化和黄铁矿含量都在变化,因而通过沉积相来确定海陆过渡相优质页岩是不明智的方法，通过类型多样的岩相来确定与页岩本身特性的联系更加有效。

根据 2.2.1 小节的分析，贵州龙潭组潜质页岩以黏土质页岩和富硅黏土质页岩为主，此外还有少量富黏土硅质页岩和硅/钙混合页岩（图 2-16）。该潜质页岩沉积环境为潟湖-潮坪或者三角洲（主要包括三角洲平原和三角洲前缘）两类典型的海陆过渡环境，因此，此处以该两类沉积体系为对象分别讨论不同环境下潜质页岩岩相和储层特征。

潟湖-潮坪沉积体系龙潭组潜质页岩矿物组分以黏土矿物为主，含量为 $31.4\% \sim 69.8\%$（表 7-4），平均含量为 55.8%；石英次之，含量为 $6.0\% \sim 62.0\%$，平均含量为 23.8%；长石含量为 $0 \sim 24.0\%$，平均含量为 10.6%；还有少量方解石（平均含量为 1.4%）、白云石（平均含量为 2.9%）和黄铁矿（平均含量为 3.2%）等。岩相类型以富硅黏土质页岩为主，占比达到 63.16%（图 7-5），其次为黏土质页岩相和硅/黏土混合页岩相，占比均为 15.79%，还有少量为富黏土硅质页岩相，占比 5.26%。

三角洲沉积体系龙潭组潜质页岩矿物组分也以黏土矿物为主，含量为 $39.8\% \sim 83.0\%$（表 7-5），平均含量为 63.8%；其次为石英，含量为 $8.0\% \sim 51.8\%$，平均含量为 22.0%；长石含量为 $0 \sim 22.3\%$，平均含量为 8.0%；还有少量方解石（平均含量为 0.2%）、白云石（平均含量为 1.6%）和黄铁矿（平均含量为 2.6%）。岩相类型以富硅黏土质页岩为主，占比为 65.4%（图 7-5），其次为黏土质页岩，占比为 26.9%，还有少量富黏土硅质页岩，占比为 7.7%。

可以发现，整体上海陆过渡相潜质页岩中黏土矿物含量较高，其中三角洲沉积体系中潜质页岩黏土矿物含量高于潟湖-潮坪沉积体系潜质页岩黏土矿物含量，而石英、长石、方解石、白云石和黄铁矿等含量均比潟湖-潮坪沉积体系潜质页岩的低。但两种沉积体系潜质页岩矿物组成的这种差别不大，导致两种体系下潜质页岩岩相类型仅有细微差别，主要表现在三角洲沉积体系潜质页岩黏土质含量更高，黏土质页岩相组（包括此处的黏土质页岩和富硅黏土质页岩）样品占比更高，达到 92.3%，而潟湖-潮坪沉积体系黏土质页岩相组样品占比相对较低，为 79.0%。两种沉积体系矿物组成和岩相存在差异的原因可能是两种环境距离物源区远近不同，这一时期研究区物源区主要为西部的康滇古陆（图 2-10），自西向东依次发育为冲积平原-河流沉积体系、三角洲沉积体系、潟湖-潮坪沉积体系以及碳酸盐岩台地沉积体系（郑和荣 等，2010；邵龙义 等，2013），三角洲沉积体系距离物源区更近，受陆源碎屑影响程度更高（高彩霞，2015；董大忠 等，2021）。

表 7-4 贵州潟湖-潮坪沉积体系龙潭组潜质岩矿物组成和岩相类型

地区	样品编号	矿物组成/%						岩相类型	沉积体系
		石英	长石	方解石	白云石	黄铁矿	黏土矿物		
毕节	S07	62.0	6.6	0	0	0	31.4	富黏土硅质页岩相	潟湖-潮坪
毕节	S34	30.0	0	16.0	5.0	6.0	41.0	硅-黏土混合页岩相	潟湖-潮坪
毕节	S23	36.5	7.4	0	5.3	1.0	41.6	硅-黏土混合页岩相	潟湖-潮坪
毕节	S22	24.1	17.1	0	8.4	2.9	44.0	硅/黏土混合页岩相	潟湖-潮坪
毕节	S15	22.0	24.0	0	0	0	50.0	富硅黏土质页岩相	潟湖-潮坪
毕节	S27	21.0	17.0	0	5.0	4.0	50.0	富硅黏土质页岩相	潟湖-潮坪
毕节	S44	19.0	8.0	9.0	4.0	10.0	50.0	富硅黏土质页岩相	潟湖-潮坪
毕节	S26	24.0	11.0	0	6.0	2.0	53.0	富硅黏土质页岩相	潟湖-潮坪
毕节	S36	25.0	8.0	0	5.0	3.0	55.0	富硅黏土质页岩相	潟湖-潮坪
毕节	S08	28.4	16.5	0	0	0	55.1	富硅黏土质页岩相	潟湖-潮坪
毕节	S05	24.7	13.4	0	0	0	61.9	富硅黏土质页岩相	潟湖-潮坪
毕节	S40	17.0	11.0	0	2.0	4.0	62.0	富硅黏土质页岩相	潟湖-潮坪
毕节	S11	29.4	8.4	0	0	0	62.2	富硅黏土质页岩相	潟湖-潮坪
毕节	S33	15.0	0	2.0	0	19.0	64.0	黏土硅质页岩相	潟湖-潮坪
毕节	S18	17.0	17.0	0	0	1.0	65.0	富硅黏土质页岩相	潟湖-潮坪
毕节	S39	6.0	4.0	0	8.0	3.0	67.0	黏土硅质页岩相	潟湖-潮坪
毕节	S45	20.0	2.0	0	6.0	4.0	68.0	黏土硅质页岩相	潟湖-潮坪
毕节	S16	21.9	9.2	0	0	0	68.9	富硅黏土质页岩相	潟湖-潮坪
毕节	S03	9.0	21.2	0	0	0	69.8	富硅黏土质页岩相	潟湖-潮坪
平均值		22.0	8.0	0.2	1.6	2.6	63.8		

表 7-5　贵州三角洲体系龙潭组潜质页岩矿物组成和岩相类型

地区	样品编号	矿物组成/%						岩相类型	沉积体系
		石英	长石	方解石	白云石	黄铁矿	黏土矿物		
六盘水	S19	51.8	8.4	0	0	0	39.8	富黏土硅质页岩相	三角洲
六盘水	S09	45.6	8.2	0	0	3	43.2	富黏土硅质页岩相	三角洲
六盘水	S38	33.0	8.0	0	4	6.0	49.0	富硅黏土质页岩相	三角洲
六盘水	S10	22.0	22.3	0	0	0	52.4	富硅黏土质页岩相	三角洲
六盘水	S21	19.0	16.3	0	8.7	2.5	52.4	富硅黏土质页岩相	三角洲
六盘水	S35	22.0	8.0	0	0	17.0	53.0	富硅黏土质页岩相	三角洲
毕节	S06	26.9	15.9	0	0	0	55.7	富硅黏土质页岩相	三角洲
六盘水	S37	15.0	9.0	0	5	2	56.0	富硅黏土质页岩相	三角洲
毕节	S25	21.5	14.2	0	2.4	1.7	57.5	富硅黏土质页岩相	三角洲
六盘水	S29	32.0	0	0	0	8.0	60.0	富硅黏土质页岩相	三角洲
毕节	S24	16.7	8.4	2.0	5	5.6	62.0	富硅黏土质页岩相	三角洲
六盘水	S31	19.0	7.0	0	0	9.0	65.0	富硅黏土质页岩相	三角洲
六盘水	S02	30.9	0	0	0	0	66.3	富硅黏土质页岩相	三角洲
六盘水	S43	10.0	7.0	0	4	2.0	67.0	黏土质页岩相	三角洲
六盘水	S42	11.0	8.0	0	5.0	6.0	68.0	黏土质页岩相	三角洲
毕节	S13	8.0	17.3	0	0	0	68.9	富硅黏土质页岩相	三角洲
毕节	S01	21.1	9.8	0	0	0	69.1	富硅黏土质页岩相	三角洲
毕节	S04	25.1	5.5	0	0	0	69.4	富硅黏土质页岩相	三角洲
六盘水	S12	21.3	6.4	0	0	0	70.8	富硅黏土质页岩相	三角洲

表 7-5(续)

地区	样品编号	矿物组成/%						岩相类型	沉积体系
		石英	长石	方解石	白云石	黄铁矿	黏土矿物		
毕节	S14	22.5	5.7	0	0	0	71.8	富硅黏土质页岩相	三角洲
六盘水	S41	15.0	4	0	8.0	0	73.0	黏土质页岩相	三角洲
毕节	S20	18.3	6.8	0	0	0	74.9	富硅黏土质页岩相	三角洲
六盘水	S32	20.0	2	1.0	0	0	75.0	黏土质页岩相	三角洲
毕节	S17	14.3	8.5	0	0	0	77.2	黏土质页岩相	三角洲
六盘水	S28	17.0	0	0	0	4.0	79.0	黏土质页岩相	三角洲
六盘水	S30	13.0	0	2.0	0	0	83.0	黏土质页岩相	三角洲
平均值		23.8	10.6	1.4	2.9	3.2	55.8		

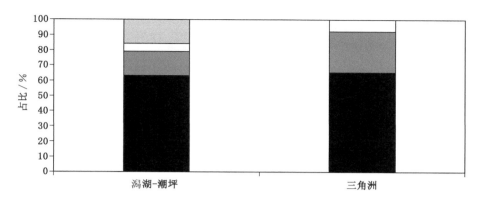

图 7-5　不同环境下龙潭组潜质页岩岩相类型

不同环境和岩相龙潭组潜质页岩储层性质存在明显差别,此处以 TOC 含量为例进行分析。如图 7-6 所示,本研究样品中三角洲沉积体系潜质页岩与潟湖-潮坪沉积体系潜质页岩 TOC 含量差别不大,其中三角洲沉积体系潜质页岩TOC 含量为 1.6%~8.3%,平均 TOC 含量为 3.6%,潟湖-潮坪沉积体系潜质页岩 TOC 含量为 1.5%~7.6%,平均 TOC 含量为 3.1%。说明两种沉积体系下都可以形成富有机质页岩,均具有较大的页岩气勘探开发潜力,这与其他学者的研究结论相符(刘顺喜,2018;马啸,2021;Zhao et al.,2021;Wang et al.,2022)。尽管三角洲沉积体系潜质页岩与潟湖-潮坪沉积体系潜质页岩均具有较丰富的有机质,但在同一沉积体系内不同岩相之间,有机质丰度存在明显差异。首先,潟湖-潮坪沉积体系中,不同岩相 TOC 含量大小关系为富硅黏土质页岩>硅/黏土混合页岩>黏土质页岩,富黏土硅质页岩样品太少(表 7-5),因此没有进行对比分析。其中,富硅黏土质页岩 TOC 含量为 1.8%~7.6%,平均 TOC 含量为3.6%,硅/黏土混合页岩 TOC 含量为 1.7%~3.2%,平均 TOC 含量为 2.4%,黏土质页岩 TOC 含量为 1.5%~2.0%,平均 TOC 含量为 1.8%。其次,三角洲沉积体系中,两种主要岩相页岩的 TOC 含量大小关系为富硅黏土质页岩>黏土质页岩(图 7-6),富黏土硅质页岩样品较少(表 7-5),因此没有进行对比分析。其中富硅黏土质页岩 TOC 含量为 1.6%~8.3%,平均 TOC 含量为 3.9%,黏土质页岩 TOC 含量为 1.6%~4.1%,平均 TOC 含量为 2.7%。岩相与 TOC 含量的关系表明,黏土矿物含量的增加反映陆源碎屑输入强度增大,大量陆源碎屑的输入会稀释有机质,导致有机质丰度降低(Tyson,2001;付勇 等,2021a;Xia et al.,2022),因此在潜质页岩中 TOC 含量随黏土矿物含量的增加而减少(图 7-7)。

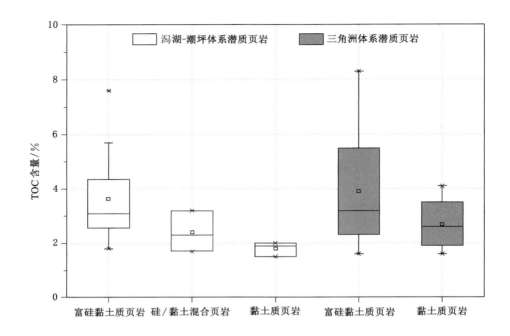

图 7-6 龙潭组不同沉积环境和岩相潜质页岩与 TOC 含量分布特征

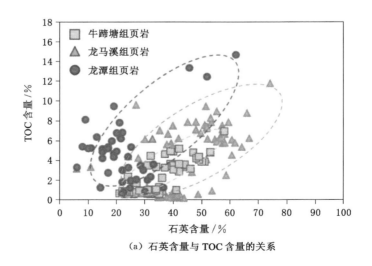

（a）石英含量与 TOC 含量的关系

图 7-7 不同潜质页岩矿物含量与 TOC 含量的关系

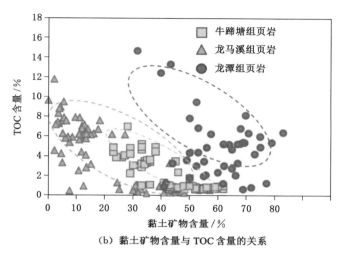

（b）黏土矿物含量与 TOC 含量的关系

图 7-7 （续）

前人以页岩的 TOC 含量和矿物组分为岩相划分依据,将研究区煤系页岩分为高有机质硅质混合页岩相、高有机质硅质页岩相、低有机质硅质页岩相、高有机质黏土质页岩相、中有机质黏土质页岩相和低有机质硅质页岩相,结合二氧化碳吸附、氮气吸附和小角散射实验结果,得到各岩相不同类型孔体积如表 7-6 所列(钟毅,2023)。结果显示,黏土质页岩整体孔隙相较其他岩相页岩孔隙更为发育,这可能是由于一方面黏土矿物提供了大量的连通孔隙和闭合孔隙(孙寅森 等,2017),另一方面黏土矿物对有机质的催化作用导致页岩中有机孔隙十分发育(Guo et al.,2019;陈相霖 等,2021)。随着 TOC 含量的增加,黏土质页岩孔体积降低,这可能是由于研究区煤系页岩整体有机质丰度高、热成熟度低,有机质占据大量孔隙空间的同时,会充填其他无机孔隙造成孔体积降低。硅质页岩孔隙发育受 TOC 含量变化的影响较大,由于研究区页岩有机质丰度高但热演化程度低,高有机质硅质页岩连通孔隙中大量无机孔隙被有机质填充导致页岩孔体积降低,而低有机质硅质页岩中由于脆性矿物发育,无机孔隙相对发育,同时较低的 TOC 含量也导致页岩中有机孔隙不发育,闭合孔隙少。研究区高有机质硅质混合页岩连通孔隙发育较差,这可能是由于页岩中的碳酸盐矿物化学胶结作用限制了连通孔隙的发育(Yang et al.,2018;刘忠宝 等,2017),而高有机质硅质混合页岩中发育较好的闭合孔隙可能是因为样品 TOC 含量高,有机质中广泛分布的闭合孔隙未受到碳酸盐矿物的影响。

表 7-6　贵州龙潭组海陆过渡相页岩各岩相不同类型孔体积

岩相类型	连通孔体积 /(cm³/g)	闭合孔体积 /(cm³/g)	整体孔体积 /(cm³/g)
高有机质硅质混合页岩相	0.004 38	0.033 80	0.038 18
高有机质硅质页岩相	0.008 36	0.012 95	0.021 31
低有机质硅质页岩相	0.028 28	0.003 77	0.032 05
高有机质黏土质页岩相	0.020 67	0.043 28	0.063 95
中有机质黏土质页岩相	0.029 97	0.023 23	0.053 20
低有机质黏土质页岩相	0.038 53	0.008 50	0.047 03

总体来看,研究区煤系页岩中黏土矿物含量和 TOC 含量是影响孔隙发育最重要的因素,黏土质页岩中黏土矿物发育,是最有利的页岩岩相类型。硅质矿物无机孔隙发育,整体孔隙发育受 TOC 含量影响较大。高有机质硅质混合页岩受到碳酸盐矿物的影响,整体孔隙发育较差,但在高 TOC 含量下也可以展现出良好的孔隙发育情况。

综合牛蹄塘组海相潜质页岩和龙潭组海陆过渡相潜质页岩的孔隙特征可以发现,由于沉积环境和成岩过程的差异,牛蹄塘组海相潜质页岩和龙潭组海陆过渡潜质页岩在有机质来源、TOC 含量、热成熟度、矿物组成等方面存在较大差异,导致海相潜质页岩与海陆过渡相潜质页岩及有机质在孔隙结构和分形维数上存在差异。有机质、热成熟度、黏土矿物是影响页岩孔隙结构和分形维数的主要因素,其次是黄铁矿(Milliken et al.,2013;Xia et al.,2021;Xia et al.,2022;宁诗坦,2023)。有机质的类型、有利于保存有机孔隙的黏土矿物及黄铁矿主要影响有机质的孔隙结构和分形维数。

有机质在海相潜质页岩中起关键作用,因为有机质的含量高,主要包括固体干酪根和迁移的沥青,同时有机质成熟度高。因此,海相潜质页岩表现出丰富的有机孔隙,这些孔隙的贡献率很大,同时也具有复杂的非均质特征(图 7-8)。相反,黏土矿物在海陆过渡相页岩中具有重要意义,其中高岭石混合床为孔隙提供了许多吸附位点。本研究中龙潭组海陆过渡相潜质页岩有机质成熟度相对牛蹄塘组海相潜质页岩有机质成熟度较低,再加上主要由陆地植物碎屑和其他主要成分共同组成不同类型的有机物成分,导致龙潭组海陆过渡相潜质页岩在组成和结构上与海相潜质页岩存在明显差异,例如,有机孔隙发育相对较少(图 7-8),导致海陆过渡相潜质页岩有机孔隙度较差,孔隙复杂度低于海相潜质页岩的。然而,丰富的黏土矿物和黄铁矿提供的晶间孔使海陆过渡相页岩的无机孔隙比海相潜质页岩的无机孔隙更复杂。

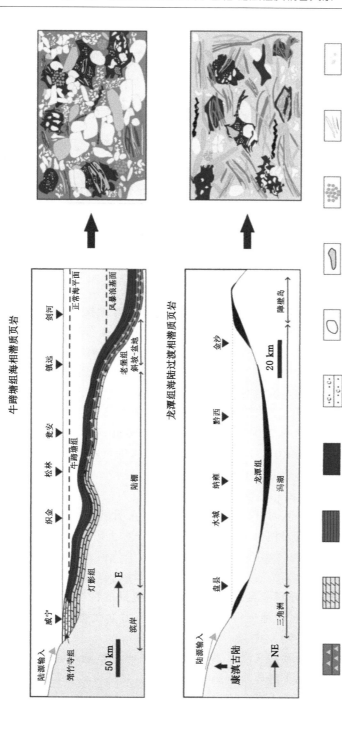

图 7-8　贵州牛蹄塘组潜质页岩和龙潭组潜质页岩富有机质页岩沉积环境及孔隙发育特征

第8章 结论和建议

（1）贵州牛蹄塘组海相潜质页岩和龙潭组海陆过渡相潜质页岩拥有较好的页岩气资源潜力，需要加强对页岩气资源空间分布规律的研究。

贵州牛蹄塘组潜质页岩分布范围大，除黔东南部分区域外均有分布，沉积环境包括滨海、浅水陆棚、深水陆棚、斜坡和深水盆地，水体自北西向南东逐渐变深。该潜质页岩有机质以腐泥组为主，干酪根类型以Ⅰ型为主；有机质丰度高，平均 TOC 含量为 5.2%，属于富有机质页岩；有机质热演化程度高，R_o 值为 1.4%～4.2%，以过成熟页岩为主，含少量高成熟页岩。

贵州龙潭组潜质页岩主要分布在六盘水和毕节等地区，沉积环境包括三角洲平原、三角洲前缘和潟湖-潮坪。该潜质页岩有机质组分以镜质组为主，其次为壳质组和惰质组，含少量的腐泥组，干酪根类型以Ⅲ型为主；有机质丰度高，平均 TOC 含量为 3.3%，属于富有机质页岩；有机质热演化程度较高，R_o 值为 0.8%～3.3%，以高成熟页岩为主。

据不完全统计，贵州省内牛蹄塘组潜质页岩中页岩气地质资源量 35 493.22×10^8 m³，可采资源量 6 388.78×10^8 m³；龙潭组潜质页岩中页岩气 17 265.16×10^8 m³，可采资源量为 3 107.73×10^8 m³，均蕴藏丰富的页岩气资源，勘探开发潜力大，值得后续开展更深入的研究。

（2）贵州牛蹄塘组海相潜质页岩和龙潭组海陆过渡相潜质页岩矿物组成差异大，主要岩相类型不同，对开发方式的适应性存在明显差别。

与牛蹄塘组潜质页岩相比，龙潭组潜质页岩中黏土矿物含量更高，石英含量偏低，导致龙潭组潜质页岩脆性指数（17.0～68.6，平均值为 39.6）比牛蹄塘组潜质页岩（32.0～92.0，平均值为 67.9）的低。牛蹄塘组表现出的可压裂性比龙潭组更好，但龙潭组具有埋藏浅且顶底板封堵条件更好的特征，因此，在开发方式的选择上，需要进一步系统地分析两套页岩的岩石力学性质和非均质性，优选对各页岩适应性更强的开发方式。

矿物组成的差异导致两套潜质页岩岩相存在明显差别，其中牛蹄塘组潜质页岩以硅质页岩和富黏土硅质页岩为主，有少量富硅钙质页岩、富硅黏土质页岩和黏土/硅混合页岩，富黏土硅质页岩、硅质页岩、富硅黏土质页岩、黏土/硅混合页岩和富硅钙质页岩占比分别为 66.67%、19.61%、5.88%、5.88% 和 1.96%;龙潭组潜质页岩以黏土质页岩和富硅黏土质页岩为主,还有少量富黏土硅质页岩和硅/钙混合页岩,黏土质页岩、富硅黏土质页岩、黏土硅质页岩和硅/钙混合页岩占比分别为 28.89%、57.78%、6.67% 和 6.67%。

(3)贵州牛蹄塘组海相潜质页岩和龙潭组海陆过渡相潜质页岩孔渗性和孔隙结构差异明显,提出了页岩中有机孔对全岩孔体积和比表面积贡献率的计算方法。

有机质丰度和矿物组成是影响两套潜质页岩中孔隙发育程度的主要因素。有机质丰度越高,一方面会生成更多的有机孔而增加页岩总孔隙,同时,有机质也会充填部分无机孔和微裂隙。黏土矿物含量与孔体积之间具有明显正相关性,原因可能是黏土矿物本身发育较多的晶间孔,是页岩孔隙的重要贡献者;方解石含量越高,页岩孔体积越小,说明方解石的形成充填了部分原有孔隙;石英是页岩中的刚性矿物颗粒,当能形成颗粒支撑时,孔体积随石英含量的增加而增大。

本书建立了潜质页岩有机孔对孔体积和比表面积的计算公式,分别为 $CRV = (V_{org} \times TOC \times C_1)/V_{shl}$ 和 $CRA = (S_{org} \times TOC \times C_2)/S_{shl}$。

(4)贵州牛蹄塘组海相潜质页岩和龙潭组海陆过渡相潜质页岩均具有较好的含气性,构造作用和地层封堵条件是影响含气性的重要因素。

牛蹄塘组潜质页岩解吸含气量为 $0 \sim 2.65 \text{ cm}^3/\text{g}$,龙潭组潜质页岩解吸含气量为 $0.75 \sim 19.17 \text{ cm}^3/\text{g}$。牛蹄塘组潜质页岩沉积在灯影组溶蚀孔缝面之上,溶蚀不整合面为流体横向运移提供了最初的通道,加之大断层作为页岩气垂向散逸的主要通道,导致牛蹄塘组页岩气保存效果较差。龙潭组潜质页岩上、下地层封者性较好,构造运动导致的气体逸散量比牛蹄塘组潜质页岩的少,这可能是龙潭组潜质页岩含气性高于牛蹄塘组潜质页岩含气性的重要原因之一。

(5)研究潜质页岩沉积环境-岩相-储层性质耦合关系,有望为页岩气储层评价和有利区段优选提供新参考。

平面上,研究区内牛蹄塘组潜质页岩沉积环境包括陆棚、斜坡、盆地,陆棚区潜质页岩矿物以黏土矿物为主,斜坡区和盆地区潜质页岩矿物以硅质矿物为主。垂向上,从牛蹄塘组潜质页岩下部到上部,潜质页岩中黏土矿物含量增加。研究区龙潭组潜质页岩沉积于潟湖-潮坪和三角洲两种沉积体系下,同一沉积体系内不同岩相之间有机质丰度存在明显差异:潟湖-潮坪沉积体系中,不同岩相 TOC 含量大小关系为富硅黏土质页岩>硅/黏土混合页岩>黏土质页岩;三角洲沉积体系中,两种主要岩相页岩的 TOC 含量大小关系为富硅黏土质页岩>黏土质页岩。

参 考 文 献

[1] 鲍衍君,张鹏辉,陈建文,等,2022.下扬子地区官地1井下寒武统海相泥页岩孔隙发育特征及影响因素[J].海洋地质与第四纪地质,42(2):144-157.

[2] 曹涛涛,刘光祥,曹清古,等,2018.有机显微组成对泥页岩有机孔发育的影响:以川东地区海陆过渡相龙潭组泥页岩为例[J].石油与天然气地质,39(1):40-53.

[3] 常德双,韩冰,朱斗星,等,2021.燕山运动对页岩气保存条件的控制作用:以滇黔北地区太阳—海坝区块龙马溪组页岩气为例[J].天然气工业,41(增刊1):45-50.

[4] 陈建书,代雅然,唐烽,等,2020.扬子地块周缘中元古代末—新元古代主要构造运动梳理与探讨[J].地质论评,66(3):533-554.

[5] 陈萍,唐修义,2001.低温氮吸附法与煤中微孔隙特征的研究[J].煤炭学报,26(5):552-556.

[6] 陈前,闫相宾,刘超英,等,2021.压实对页岩有机质孔隙发育控制作用:以四川盆地东南地区及周缘下古生界为例[J].石油与天然气地质,42(1):76-85.

[7] 陈相霖,苑坤,覃英伦,等,2021.贵州六盘水地区石炭系打屋坝组页岩岩相特征及其对孔隙结构的影响[J].海相油气地质,26(4):335-344.

[8] 陈旭,张元动,樊隽轩,等,2012.广西运动的进程:来自生物相和岩相带的证据[J].中国科学:地球科学,42(11):1617-1626.

[9] 陈洋,唐洪明,廖纪佳,等,2022.基于埋深变化的川南龙马溪组页岩孔隙特征及控制因素分析[J].中国地质,49(2):472-484.

[10] 戴传固,陈建书,卢定彪,等,2010.黔东及邻区武陵运动及其地质意义[J].地质力学学报,16(1):78-84.

[11] 戴传固,胡明扬,陈建书,等,2015.贵州重要地质事件及其地质意义[J].贵州地质,32(1):1-9,14.

[12] 戴传固,王敏,陈建书,等,2013a.贵州构造运动特征及其地质意义[J].贵州地质,30(2):119-124.

[13] 戴传固,郑启钤,陈建书,等,2013b.贵州雪峰—加里东构造旋回期成矿地

质背景研究[J].地学前缘,20(6):219-225.

[14] 戴传固,郑启钤,陈建书,等,2014.贵州海西—燕山构造旋回期成矿地质背景研究[J].贵州地质,31(2):82-88.

[15] 丁佳彤,陈孔全,汤济广,等,2023.页岩气富集与保存条件差异研究:以焦石坝—武隆地区为例[J].石油地球物理勘探,58(6):1472-1480.

[16] 董大忠,邱振,张磊夫,等,2021.海陆过渡相页岩气层系沉积研究进展与页岩气新发现[J].沉积学报,39(1):29-45.

[17] 窦新钊,2012.黔西地区构造演化及其对煤层气成藏的控制[D].徐州:中国矿业大学.

[18] 窦新钊,姜波,秦勇,等,2012.黔西地区构造演化及其对晚二叠世煤层的控制[J].煤炭科学技术,40(3):109-114.

[19] 冯光俊,2020.上扬子区下寒武统页岩高温高压甲烷吸附与页岩气赋存[D].徐州:中国矿业大学.

[20] 冯仁蔚,王兴志,张帆,等,2008.四川西南部周公山及邻区"峨眉山玄武岩"特征及储集性能研究[J].沉积学报,26(6):913-924.

[21] 冯增昭,何幼斌,吴胜和,1993.中下扬子地区二叠纪岩相古地理[J].沉积学报,11(3):13-24.

[22] 冯增昭,彭勇民,金振奎,等,2001.中国南方寒武纪岩相古地理[J].古地理学报,3(1):1-14.

[23] 付勇,夏鹏,龙珍,等,2021a.扬子地区震旦纪—寒武纪转折期大陆风化研究进展与展望[J].地质论评,67(4):1077-1094.

[24] 付勇,周文喜,王华建,等,2021b.黔北下寒武统黑色岩系的沉积环境与地球化学响应[J].地质学报,95(2):536-548.

[25] 高彩霞,2015.川渝滇黔晚二叠世层序-古地理与聚煤规律研究[D].北京:中国矿业大学(北京).

[26] 高为,易同生,颜智华,等,2022.贵州省煤系气成藏条件及勘探方向[J].天然气地球科学,33(5):799-806.

[27] 贵州省地质调查院,2017.中国区域地质志·贵州志[M].北京:地质出版社.

[28] 韩向新,姜秀民,王德忠,等,2007.燃烧过程对页岩灰孔隙结构的影响[J].化工学报,58(5):1296-1300.

[29] 郝芳,陈建渝,1993.论有机质生烃潜能与生源的关系及干酪根的成因类型[J].现代地质,7(1):57-65.

[30] 何才华,2003.论新构造运动[J].贵州师范大学学报(自然科学版),21(2):

58-63.

[31] 何庆,何生,董田,等,2019.鄂西下寒武统牛蹄塘组页岩孔隙结构特征及影响因素[J].石油实验地质,41(4):530-539.

[32] 何燚,2021.川东—黔北地区龙潭组海陆过渡相页岩岩相与有机质特征[D].北京:中国地质大学(北京).

[33] 洪剑,唐玄,张聪,等,2020.中扬子地区龙马溪组页岩有机质孔隙发育特征及控制因素:以湖南省永顺地区永页3井为例[J].石油与天然气地质,41(5):1060-1072.

[34] 侯宇光,张坤朋,何生,等,2021.南方下古生界海相页岩极低电阻率成因及其地质意义[J].地质科技通报,40(1):80-89.

[35] 胡东风,张汉荣,倪楷,等,2014.四川盆地东南缘海相页岩气保存条件及其主控因素[J].天然气工业,34(6):17-23.

[36] 吉利明,马向贤,夏燕青,等,2014.黏土矿物甲烷吸附性能与微孔隙体积关系[J].天然气地球科学,25(2):141-152.

[37] 吉利明,邱军利,夏燕青,等,2012.常见黏土矿物电镜扫描微孔隙特征与甲烷吸附性[J].石油学报,33(2):249-256.

[38] 姜春发,朱松年,1992.构造迁移论概述[J].中国地质科学院院报,13:1-14.

[39] 姜振学,李鑫,王幸蒙,等,2021.中国南方典型页岩孔隙特征差异及其控制因素[J].石油与天然气地质,42(1):41-53.

[40] 姜振学,宋岩,唐相路,等,2020.中国南方海相页岩气差异富集的控制因素[J].石油勘探与开发,47(3):617-628.

[41] 蒋恕,李醇,陈国辉,等,2022.中美常压页岩气赋存状态及其对可动性与产量的影响:以彭水和阿巴拉契亚为例[J].油气藏评价与开发,12(3):399-406.

[42] 焦伟伟,汪生秀,程礼军,等,2017.渝东南地区下寒武统页岩气高氮低烃成因[J].天然气地球科学,28(12):1882-1890.

[43] 靳雅夕,蔡潇,袁艺,等,2015.渝东南地区志留系龙马溪组页岩黏土矿物特征及其地质意义[J].中国煤炭地质,27(2):21-25.

[44] 李全中,蔡永乐,胡海洋,2017.泥页岩中黏土矿物纳米孔隙结构特征及其对甲烷吸附的影响[J].煤炭学报,42(9):2414-2419.

[45] 李希建,2020.贵州黔北页岩气赋存机制[M].北京:科学出版社.

[46] 刘宝珺,余光明,徐强,等,1993.雅鲁藏布中新生代深水沉积盆地形成和演化(Ⅰ):喜马拉雅造山带沉积特征及演化[J].岩相古地理,13(1):32-49.

[47] 刘杰,陈银,章涛,等,2023.页岩纳米有机质孔隙中的润湿性研究[J].力学

学报,55(8):1800-1808.

[48] 刘顺喜,2018.海陆过渡相泥页岩储层特征及其沉积控制机理:以织纳煤田龙潭组为例[D].徐州:中国矿业大学.

[49] 刘忠宝,高波,胡宗全,等,2017.高演化富有机质页岩储层特征及孔隙形成演化:以黔南地区下寒武统九门冲组为例[J].石油学报,38(12):1381-1389.

[50] 娄毅,2023.盘江矿区弱含水煤层气水两相流动规律及排采对策研究[D].青岛:中国石油大学(华东).

[51] 楼章华,马永生,郭彤楼,等,2006.中国南方海相地层油气保存条件评价[J].天然气工业,26(8):8-11.

[52] 卢双舫,张敏,2017.油气地球化学[M].2 版.北京:石油工业出版社.

[53] 罗超,2014.上扬子地区下寒武统牛蹄塘组页岩特征研究[D].成都:成都理工大学.

[54] 马啸,2017.黔西地区龙潭组泥页岩储层评价[D].北京:中国地质大学(北京).

[55] 马啸,2021.黔西地区龙潭组泥页岩储层精细表征[D].北京:中国地质大学(北京).

[56] 马永生,陈洪德,王国力,等,2009.中国南方层序地层与古地理[M].北京:科学出版社.

[57] 苗雅楠,李相方,王香增,等,2017.页岩有机质热演化生烃成孔及其甲烷吸附机理研究进展[J].中国科学:物理学 力学 天文学,47(11):41-51.

[58] 聂海宽,包书景,高波,等,2012.四川盆地及其周缘下古生界页岩气保存条件研究[J].地学前缘,19(3):280-294.

[59] 聂海宽,何治亮,刘光祥,等,2020.四川盆地五峰组—龙马溪组页岩气优质储层成因机制[J].天然气工业,40(6):31-41.

[60] 聂海宽,金之钧,马鑫,等,2017.四川盆地及邻区上奥陶统五峰组—下志留统龙马溪组底部笔石带及沉积特征[J].石油学报,38(2):160-174.

[61] 聂海宽,唐玄,边瑞康,2009.页岩气成藏控制因素及中国南方页岩气发育有利区预测[J].石油学报,30(4):484-491.

[62] 聂海宽,张光荣,李沛,等,2022.页岩有机孔研究现状和展望[J].石油学报,43(12):1770-1787.

[63] 宁诗坦,2023.黔北下寒武统牛蹄塘组页岩有机孔特征及其影响因素[D].贵阳:贵州大学.

[64] 宁诗坦,夏鹏,郝芳,等,2021.贵州牛蹄塘组黑色页岩岩相划分及岩相-沉积

环境-有机质耦合关系[J].天然气地球科学,32(9):1297-1307.

[65] 彭思钟,刘德勋,张磊夫,等,2022.鄂尔多斯盆地东缘大宁—吉县地区山西组页岩岩相与沉积相特征[J].沉积学报,40(1):47-59.

[66] 秦建中,钱志浩,曹寅,等,2005.油气地球化学新技术新方法[J].石油实验地质,27(5):519-528.

[67] 秦守荣,刘爱民,1998.论贵州喜山期的构造运动[J].贵州地质,15(2):105-114.

[68] 秦勇,高弟,2012.贵州省煤层气资源潜力预测与评价[M].徐州:中国矿业大学出版社.

[69] 饶松,杨轶南,胡圣标,等,2022.川西南地区下寒武统筇竹寺组页岩热演化史及页岩气成藏意义[J].地球科学,47(11):4319-4335.

[70] 邵德勇,张瑜,宋辉,等,2022.中上扬子地区寒武系页岩储层特征及其主控因素探讨[J].西北大学学报(自然科学版),52(6):997-1012.

[71] 邵龙义,高彩霞,张超,等,2013.西南地区晚二叠世层序:古地理及聚煤特征[J].沉积学报,31(5):856-866.

[72] 邵龙义,华芳辉,易同生,等,2021.贵州省乐平世层序-古地理及聚煤规律[J].煤田地质与勘探,49(1):45-56.

[73] 宋岩,高凤琳,唐相路,等,2020.海相与陆相页岩储层孔隙结构差异的影响因素[J].石油学报,41(12):1501-1512.

[74] 孙川翔,聂海宽,刘光祥,等,2019.石英矿物类型及其对页岩气富集开采的控制:以四川盆地及其周缘五峰组—龙马溪组为例[J].地球科学,44(11):3692-3704.

[75] 孙全宏,2014.黔西北地区龙潭组页岩气形成条件与分布预测[D].北京:中国地质大学(北京).

[76] 孙寅森,郭少斌,2016.基于图像分析技术的页岩微观孔隙特征定性及定量表征[J].地球科学进展,31(7):751-763.

[77] 孙寅森,郭少斌,2017.湘鄂西地区上震旦统陡山沱组页岩微观孔隙特征及主控因素[J].地球科学与环境学报,39(1):114-125.

[78] 唐书恒,范二平,2014.富有机质页岩中主要黏土矿物吸附甲烷特性[J].煤炭学报,39(8):1700-1706.

[79] 腾格尔,卢龙飞,俞凌杰,等,2021.页岩有机质孔隙形成、保持及其连通性的控制作用[J].石油勘探与开发,48(4):687-699.

[80] 王红岩,施振生,孙莎莎,等,2021.四川盆地及周缘志留系龙马溪组一段深层页岩储层特征及其成因[J].石油与天然气地质,42(1):66-75.

[81] 王剑,2000.华南新元古代裂谷盆地演化:兼论与 Rodinia 解体的关系[M].北京:地质出版社.

[82] 王淑芳,董大忠,王玉满,等,2014.四川盆地南部志留系龙马溪组富有机质页岩沉积环境的元素地球化学判别指标[J].海相油气地质,19(3):27-34.

[83] 王祥,刘玉华,张敏,等,2010.页岩气形成条件及成藏影响因素研究[J].天然气地球科学,21(2):350-356.

[84] 王幸蒙,2020.富有机质页岩孔隙形成演化及其对含气性的控制[D].北京:中国石油大学(北京).

[85] 王砚耕,陈履安,李兴中,等,2000.贵州西南部红土型金矿[M].贵阳:贵州科技出版社.

[86] 王羽,金婵,汪丽华,等,2015.应用氩离子抛光-扫描电镜方法研究四川九老洞组页岩微观孔隙特征[J].岩矿测试,34(3):278-285.

[87] 王玉满,董大忠,李建忠,等,2012.川南下志留统龙马溪组页岩气储层特征[J].石油学报,33(4):551-561.

[88] 王玉满,王淑芳,董大忠,等,2016.川南下志留统龙马溪组页岩岩相表征[J].地学前缘,23(1):119-133.

[89] 王玉满,魏国齐,沈均均,等,2022.四川盆地及其周缘海相页岩有机质炭化区分布规律与主控因素浅析[J].天然气地球科学,33(6):843-859.

[90] 魏帅超,陈启飞,付勇,等,2018.湘黔地区埃迪卡拉纪-寒武纪之交硅质岩的成因探讨:来自稀土元素和 Ge/Si 比值的证据[J].北京大学学报(自然科学版),54(5):1010-1020.

[91] 夏鹏,付勇,杨镇,等,2020.黔北镇远牛蹄塘组黑色页岩沉积环境与有机质富集关系[J].地质学报,94(3):947-956.

[92] 夏鹏,王甘露,曾凡桂,等,2018a.黔北地区牛蹄塘组高—过成熟页岩气富氮特征及机理探讨[J].天然气地球科学,29(9):1345-1355.

[93] 夏鹏,王甘露,周豪,等,2018b.黔北凤冈区块典型残余隐伏向斜特征及其页岩气选区选带意义[J].东北石油大学学报,42(2):71-79,121.

[94] 许满贵,马正恒,陈甲,等,2009.煤对甲烷吸附性能影响因素的实验研究[J].矿业工程研究,24(2):51-54.

[95] 薛冰,张金川,唐玄,等,2015.黔西北龙马溪组页岩微观孔隙结构及储气特征[J].石油学报,36(2):138-149,173.

[96] 闫剑飞,2017.黔北地区上奥陶统五峰组—下志留统龙马溪组黑色岩系页岩气富集条件与分布特征[D].成都:成都理工大学.

[97] 杨超,2017.页岩有机质孔隙发育特征及主控因素[D].北京:中国地质大学

(北京).

[98] 杨峰,宁正福,胡昌蓬,等,2013.页岩储层微观孔隙结构特征[J].石油学报,34(2):301-311.

[99] 杨坤光,李学刚,戴传固,等,2012.黔东南隔槽式褶皱成因分析[J].地学前缘,19(5):53-60.

[100] 杨平,谢渊,汪正江,等,2014.黔北震旦系灯影组流体活动与油气成藏期次[J].石油勘探与开发,41(3):313-322,335.

[101] 杨瑞东,程伟,周汝贤,2012.贵州页岩气源岩特征及页岩气勘探远景分析[J].天然气地球科学,23(2):340-347.

[102] 杨永飞,王晨晨,姚军,等,2016.页岩基质微观孔隙结构分析新方法[J].地球科学,41(6):1067-1073.

[103] 袁桃,魏祥峰,张汉荣,等,2020.四川盆地及周缘上奥陶统五峰组—下志留统龙马溪组页岩岩相划分[J].石油实验地质,42(3):371-377,414.

[104] 曾维特,丁文龙,张金川,等,2019.渝东南—黔北地区牛蹄塘组页岩微纳米级孔隙发育特征及主控因素分析[J].地学前缘,26(3):220-235.

[105] 张金川,2017.页岩气勘查开发方法与评价技术[M].上海:华东理工大学出版社.

[106] 张金川,金之钧,袁明生,2004.页岩气成藏机理和分布[J].天然气工业,24(7):15-18.

[107] 张金亮,2022.致密储层及沉积环境[M].北京:科学出版社.

[108] 张妮,林春明,俞昊,等,2015.下扬子黄桥地区二叠系龙潭组储层特征及成岩演化模式[J].地质学刊,39(4):535-542.

[109] 张琴,赵群,罗超,等,2022.有机质石墨化及其对页岩气储层的影响:以四川盆地南部海相页岩为例[J].天然气工业,42(10):25-36.

[110] 张若祥,2006.川西南"峨眉山玄武岩"气藏特征研究[D].成都:西南石油大学.

[111] 赵建华,金之钧,金振奎,等,2016.四川盆地五峰组—龙马溪组页岩岩相类型与沉积环境[J].石油学报,37(5):572-586.

[112] 赵靖舟,蒲泊伶,耳闯,2016.页岩及页岩气地球化学[M].上海:华东理工大学出版社.

[113] 赵可英,郭少斌,2015.海陆过渡相页岩气储层孔隙特征及主控因素分析:以鄂尔多斯盆地上古生界为例[J].石油实验地质,37(2):141-149.

[114] 赵凌云,吴章利,钟毅,等,2023.黔西六盘水煤田大河边向斜龙潭组煤系页岩微观孔隙特征及其影响因素[J/OL].天然气地球科学,1-17[2024-04-

08].http://kns.cnki.net/kcms/detail/62.1177.TE.20231026.1550.005.
html.

[115] 赵珊茸,2017.结晶学及矿物学[M].3 版.北京:高等教育出版社.

[116] 赵杏媛,何东博,2016.黏土矿物与油气勘探开发[M].北京:石油工业出版社.

[117] 赵泽恒,周建平,张桂权,2008.黔中隆起及周缘地区油气成藏规律探讨[J].天然气勘探与开发,31(2):1-8.

[118] 郑和荣,胡宗全,2010.中国前中生代构造-岩相古地理图集[M].北京:地质出版社.

[119] 钟玲文,张慧,员争荣,等,2002.煤的比表面积 孔体积及其对煤吸附能力的影响[J].煤田地质与勘探,30(3):26-29.

[120] 钟毅,2023.大河边向斜龙潭组煤系页岩储层特征研究[D].贵阳:贵州大学.

[121] 周文喜,2017.黔北地区下寒武统黑色岩系的沉积环境与地球化学研究[D].贵阳:贵州大学.

[122] 朱立军,张大伟,张金川,等,2019.上扬子东部古生代被动陆缘页岩气地质理论技术与实践[M].北京:科学出版社.

[123] 朱筱敏,2020.沉积岩石学[M].5 版.北京:石油工业出版社.

[124] 邹才能,董大忠,蔚远江,等,2021.海相页岩气[M].北京:科学出版社.

[125] BERNARD S,HORSFIELD B,SCHULZ H M,et al.,2012.Geochemical evolution of organic-rich shales with increasing maturity:a STXM and TEM study of the Posidonia Shale (Lower Toarcian,northern Germany)[J].Marine and petroleum geology,31(1):70-89.

[126] BOWKER K A,2003.Recent development of the Barnett Shale play, Fort Worth Basin[J].West Texas geological society bulletin,42(6): 1-11.

[127] BOWKER K A,2007.Barnett Shale gas production,Fort Worth Basin: issues and discussion[J].AAPG bulletin,91:523-533.

[128] BOYER C,ROY A G,BEST J L,2006.Dynamics of a river channel confluence with discordant beds:flow turbulence, bed load sediment transport,and bed morphology[J].Journal of geophysical research:earth surface,111(F4):1-22.

[129] CAO T T,SONG Z G,WANG S B,et al.,2015.A comparative study of the specific surface area and pore structure of different shales and their

kerogens[J].Science China earth sciences,58(4):510-522.

[130] CHALMERS G R L,BUSTIN R M,2008.Lower Cretaceous gas shales in northeastern British Columbia, Part Ⅱ: evaluation of regional potential gas resources[J].Bulletin of Canadian petroleum geology,56 (1):22-61.

[131] CHEN D Z,ZHOU X Q,FU Y,et al.,2015.New U-Pb zircon ages of the Ediacaran-Cambrian boundary strata in South China[J].Terra nova,27 (1):62-68.

[132] CHEN L,ZUO L,JIANG Z X,et al.,2019.Mechanisms of shale gas adsorption:evidence from thermodynamics and kinetics study of methane adsorption on shale[J].Chemical engineering journal,361: 559-570.

[134] CHEN X L,SHI W Z,HU Q H,et al.,2022.Origin of authigenic quartz in organic-rich shales of the Niutitang Formation in the northern margin of Sichuan Basin, South China: implications for pore network development[J].Marine and petroleum geology,138:105548.

[135] CHEN Z H,WANG T G,LIU Q,et al.,2015.Quantitative evaluation of potential organic-matter porosity and hydrocarbon generation and expulsion from mudstone in continental lake basins:a case study of Dongying sag,eastern China[J].Marine and petroleum geology,66: 906-924.

[136] CLARKSON C R,FREEMAN M,HE L,et al.,2012.Characterization of tight gas reservoir pore structure using USANS/SANS and gas adsorption analysis[J].Fuel,95:371-385.

[137] CURTIS J B,2002.Fractured shale-gas systems[J].AAPG bulletin,86: 1921-1938.

[138] CURTIS M E,CARDOTT B J,SONDERGELD C H,et al.,2012.Development of organic porosity in the Woodford Shale with increasing thermal maturity[J]. International journal of coal geology,103:26-31.

[139] FU D L,SUN L N,LI J,et al.,2021.Development mechanism of organic-inorganic composite pores in the shale of the Niutitang Formation at the Huijunba syncline[J].Arabian journal of geosciences,14(13):1-16.

[140] GUAN M,LIU X P,JIN Z J,et al.,2022.The evolution of pore structure heterogeneity during thermal maturation in lacustrine shale pyrolysis

[J].Journal of analytical and applied pyrolysis,163:105501.

[141] GUO X W,QIN Z J,YANG R,et al.,2019.Comparison of pore systems of clay-rich and silica-rich gas shales in the lower Silurian Longmaxi formation from the Jiaoshiba area in the eastern Sichuan Basin,China [J].Marine and petroleum geology,101:265-280.

[142] HAO F,ZOU H Y,LU Y C,2013.Mechanisms of shale gas storage: implications for shale gas exploration in China[J]. AAPG bulletin, 97(8):1325-1346.

[143] HOU Y G,ZHANG K P,WANG F R,et al.,2019.Structural evolution of organic matter and implications for graphitization in over-mature marine shales, South China[J]. Marine and petroleum geology, 109: 304-316.

[144] HU G,PANG Q,JIAO K,et al.,2020.Development of organic pores in the Longmaxi Formation overmature shales:combined effects of thermal maturity and organic matter composition[J]. Marine and petroleum geology,116:104314.

[145] HUI S S,PANG X Q,CHEN Z H,et al.,2023.Quantifying the relative contribution and evolution of pore types to shale reservoir space: constraints from over-mature marine shale in the Sichuan Basin, SW China[J].Journal of asian earth sciences,249:105625.

[146] JARVIE D M, HILL R J, RUBLE T E, et al., 2007. Unconventional shale-gas systems: the Mississippian Barnett Shale of north-central Texas as one model for thermogenic shale-gas assessment[J]. AAPG bulletin,91(4):475-499.

[147] JIA Z B,HOU D J,SUN D Q,et al.,2018.The intensity evaluation of the hydrothermal sedimentation and the relationship with the formation of organic-rich source rocks in the Lower Cambrian Niutitang Formation in Guizhou Province, China [J]. Energy sources, part A: recovery, utilization,and environmental effects,40(12):1442-1451.

[148] JIN C S, LI C, ALGEO T J, et al., 2020. Controls on organic matter accumulation on the early-Cambrian western Yangtze Platform, South China[J].Marine and petroleum geology,111:75-87.

[149] LI C,ZHANG Z H,JIN C S,et al.,2020.Spatiotemporal evolution and causes of marine euxinia in the early Cambrian Nanhua Basin (South China)[J].

Palaeogeography,palaeoclimatology,palaeoecology,546:109676.

[150] LI D L, LI R X, TAN C Q, et al., 2019. Origin of silica, paleoenvironment,and organic matter enrichment in the Lower Paleozoic Niutitang and Longmaxi formations of the northwestern Upper Yangtze Plate:significance for hydrocarbon exploration[J].Marine and petroleum geology,103:404-421.

[151] LI T F,TIAN H,XIAO X M,et al.,2017.Geochemical characterization and methane adsorption capacity of overmature organic-rich Lower Cambrian shales in northeast Guizhou region, southwest China [J]. Marine and petroleum geology,86:858-873.

[152] LIANG C,WU J,CAI Y C,et al.,2022.Storage space development and hydrocarbon occurrence model controlled by lithofacies in the Eocene Jiyang Sub-basin, East China: significance for shale oil reservoir formation[J].Journal of petroleum science and engineering,215:110631.

[153] LIANG M L, WANG Z X, GAO L, et al., 2017. Evolution of pore structure in gas shale related to structural deformation[J].Fuel,197: 310-319.

[154] LIU G F,LIU R,LIU Q H,et al.,2023.Fine characterization of pore evolution of oil shale during thermal simulation[J].Geological journal, 58(4):1486-1502.

[155] LIU L,TANG S H,XI Z D,2019.Total organic carbon enrichment and its impact on pore characteristics: a case study from the Niutitang Formation shales in northern Guizhou[J].Energies,12:1-23.

[156] LÖHR S C,BARUCH E T, HALL P A,et al.,2015. Is organic pore development in gas shales influenced by the primary porosity and structure of thermally immature organic matter? [J]. Organic geochemistry,87:119-132.

[157] LOU Y,SU Y L,WANG W D,et al.,2022.Coal facies and its effects on pore characteristics of the Late Permian Longtan coal,western Guizhou, China[J].Geofluids,2022:6071514.

[158] LOUCKS R G,REED R M,RUPPEL S C,et al.,2012.Spectrum of pore types and networks in mudrocks and a descriptive classification for matrix-related mudrock pores[J].AAPG bulletin,96(6):1071-1098.

[159] LOUCKS R G,REED R M,RUPPEL S C,et al.,2009. Morphology,

genesis,and distribution of nanometer-scale pores in siliceous mudstones of the Mississippian barnett shale[J].Journal of sedimentary research, 79(12):848-861.

[160] LOUCKS R G,RUPPEL S C,2007.Mississippian Barnett Shale:Lithofacies and depositional setting of a deep-water shale-gas succession in the Fort Worth Basin,Texas[J].AAPG bulletin,91(4):579-601.

[162] LU Z,LI Q G,JU Y W,et al.,2022.Biodegradation of coal organic matter associated with the generation of secondary biogenic gas in the Huaibei Coalfield[J].Fuel,323:124281.

[163] MARTINI A M,WALTER L M,KU T C W,et al.,2003.Microbial production and modification of gases in sedimentary basins:a geochemical case study from a Devonian shale gas play,Michigan basin[J].AAPG bulletin,87: 1355-1375.

[164] MATHIA E J,REXER T F T,THOMAS K M,et al.,2019.Influence of clay, calcareous microfossils, and organic matter on the nature and diagenetic evolution of pore systems in mudstones [J]. Journal of geophysical research:solid earth,124:149-174.

[165] MILICI R C,SWEZEY C,2006.Assessment of appalachian basin oil and gas resources: Devonian shale-middle and upper paleozoic total petroleum system[R].[S.l:s.n.].

[166] MILLIKEN K L,RUDNICKI M,AWWILLER D N,et al.,2013.Organic matter-hosted pore system, Marcellus Formation (Devonian), Pennsylvania[J].AAPG bulletin,97(2):177-200.

[167] MOU Y L,XIA P,ZHU L J,et al.,2024.Geochemical characteristics of the shale gas reservoirs in Guizhou Province,South China[J].Arabian journal of chemistry,17(3):105616.

[168] NELSON P H,2009.Pore-throat sizes in sandstones,tight sandstones, and shales[J].AAPG bulletin,93(3):329-340.

[169] NIE H K,JIN Z J,2016.Source rock and cap rock controls on the Upper Ordovician Wufeng Formation-Lower Silurian Longmaxi Formation shale gas accumulation in the Sichuan Basin and its peripheral areas[J]. Acta geologica sinica (English edition),90(3):1059-1060.

[170] NING S T,XIA P,ZOU N N,et al.,2023.Organic matter pore characteristics of over-mature marine black shale:a comparison of organic fractions with

different densities[J].Frontiers of earth science,17(1):310-321.

[171] OKOLO G N,EVERSON R C,NEOMAGUS H W J P,et al.,2015. Comparing the porosity and surface areas of coal as measured by gas adsorption, mercury intrusion and SAXS techniques [J]. Fuel, 141: 293-304.

[172] ROSS D J K,BUSTIN R M,2006.Sediment geochemistry of the Lower Jurassic Gordondale Member,northeastern British Columbia[J].Bulletin of Canadian petroleum geology,54(4):337-365.

[173] ROSS D J K,BUSTIN R M,2009a.Investigating the use of sedimentary geochemical proxies for paleoenvironment interpretation of thermally mature organic-rich strata:examples from the Devonian-Mississippian shales, Western Canadian Sedimentary Basin [J]. Chemical geology, 260(1/2):1-19.

[174] ROSS D J K,BUSTIN R M,2008.Characterizing the shale gas resource potential of Devonian-Mississippian strata in the Western Canada sedimentary basin:application of an integrated formation evaluation[J]. AAPG bulletin,92:87-125.

[175] ROSS D J K,MARC BUSTIN R,2009b.The importance of shale composition and pore structure upon gas storage potential of shale gas reservoirs[J]. Marine and petroleum geology,26(6):916-927.

[176] SANDER R,PAN Z J,CONNELL L D,et al.,2018.Controls on methane sorption capacity of Mesoproterozoic gas shales from the Beetaloo Sub-basin, Australia and global shales [J]. International journal of coal geology,199:65-90.

[177] SANEI H,HAERI-ARDAKANI O,WOOD J M,et al.,2015.Effects of nanoporosity and surface imperfections on solid bitumen reflectance (BR_o) measurements in unconventional reservoirs [J]. International journal of coal geology,138:95-102.

[178] SCHMOKER J W,1981.Determination of organic-matter content of Appalachian Devonian shales from gamma-ray logs[J].AAPG bulletin, 65(7):1285-1298.

[179] SIDDIQUI M A Q,ALI S,FEI H X,et al.,2018.Current understanding of shale wettability:a review on contact angle measurements[J].Earth science reviews,181:1-11.

[180] TAN J Q, WANG Z H, WANG W H, et al., 2021. Depositional environment and hydrothermal controls on organic matter enrichment in the lower Cambrian Niutitang shale, southern China[J]. AAPG bulletin, 105（7）: 1329-1356.

[181] TRIBOVILLARD N, ALGEO T J, LYONS T, et al., 2006. Trace metals as paleoredox and paleoproductivity proxies: an update[J]. Chemical geology, 232(1/2):12-32.

[182] TYSON R V, 2001. Sedimentation rate, dilution, preservation and total organic carbon: some results of a modelling study[J]. Organic geochemistry, 32(2):333-339.

[183] VALETICH M, ZIVAK D, SPANDLER C, et al., 2022. REE enrichment of phosphorites: an example of the Cambrian Georgina Basin of Australia [J]. Chemical geology, 588:120654.

[184] WANG E Z, GUO T L, LI M W, et al., 2022. Depositional environment variation and organic matter accumulation mechanism of marine-continental transitional shale in the upper Permian Longtan formation, Sichuan basin, SW China[J]. ACS earth and space chemistry, 6（9）: 2199-2214.

[185] WANG J G, CHEN D Z, WANG D, et al., 2012. Petrology and geochemistry of chert on the marginal zone of Yangtze Platform, western Hunan, South China, during the Ediacaran-Cambrian transition[J]. Sedimentology, 59（3）: 809-829.

[186] WANG P F, ZHANG C, LI X, et al., 2020. Organic matter pores structure and evolution in shales based on the he ion microscopy (HIM): a case study from the Triassic Yanchang, Lower Silurian Longmaxi and Lower Cambrian Niutitang shales in China[J]. Journal of natural gas science and engineering, 84:103682.

[187] WANG T L, WANG Q T, LU H, et al., 2021. Understanding pore evolution in a lacustrine calcareous shale reservoir in the oil window by pyrolyzing artificial samples in a semi-closed system[J]. Journal of petroleum science and engineering, 200:108230.

[188] WANG X T, SHAO L Y, ERIKSSON K A, et al., 2020. Evolution of a plume-influenced source-to-sink system: an example from the coupled central Emeishan large igneous province and adjacent western Yangtze

cratonic basin in the Late Permian,SW China[J].Earth-science reviews, 207:103224.

[189] WANG Y H,YAO S P,2023.Effect of pressure on the evolution of vitrinite graphitized mesophases: an experimental study on anthracite under high temperature and pressure[J].International journal of coal geology,267:104187.

[190] WANG Y M,LI X J,CHEN B,et al.,2018. Lower limit of thermal maturity for the carbonization of organic matter in marine shale and its exploration risk[J].Petroleum exploration and development,45(3): 402-411.

[191] WEI H R,YANG R D,GAO J B,et al.,2012.New evidence for hydrothermal sedimentary genesis of the Ni-Mo deposits in black rock series of the basal Cambrian,Guizhou province: discovery of coarse-grained limestones and its geochemical characteristics[J].Acta geologica sinica (English edition),86(3): 579-589.

[192] WEI M M,ZHANG L,XIONG Y Q,et al.,2019.Main factors influencing the development of nanopores in over-mature,organic-rich shales[J]. International journal of coal geology,212:103233.

[193] WIGNALL P B,TWITCHETT R J,1996.Oceanic anoxia and the end Permian mass extinction[J].Science,272(5265):1155-1158.

[194] WU C J,TUO J C,ZHANG L F,et al.,2017a.Pore characteristics differences between clay-rich and clay-poor shales of the Lower Cambrian Niutitang Formation in the Northern Guizhou area,and insights into shale gas storage mechanisms[J].International journal of coal geology,178:13-25.

[195] WU Y,FAN T L,JIANG S,et al.,2017b.Lithofacies and sedimentary sequence of the lower Cambrian Niutitang shale in the Upper Yangtze platform,South China[J].Journal of natural gas science and engineering, 43:124-136.

[196] XIA J,SONG Z G,WANG S B,et al.,2017.Preliminary study of pore structure and methane sorption capacity of the Lower Cambrian shales from the north Gui-Zhou Province[J].Journal of natural gas science and engineering,38:81-93.

[198] XIA P,HAO F,TIAN J Q,et al.,2022.Depositional environment and organic matter enrichment of early Cambrian niutitang black shales in

the Upper Yangtze region, China[J].Energies,15(13):4551.

[199] XIA P,LI H N,FU Y,et al.,2021.Effect of lithofacies on pore structure of the Cambrian organic-rich shale in northern Guizhou, China [J]. Geological journal,56(2):1130-1142.

[200] XU L G, BERND L B,MAO J W,et al.,2011.Re-Os age of polymetallic Ni-Mo-PGE-Au mineralization in early Cambrian black shales of South China:a reassessment[J].Economic geology,106(3):511-522.

[201] XUE Z X,JIANG Z X,WANG X,et al.,2022.Genetic mechanism of low resistivity in high-mature marine shale:insights from the study on pore structure and organic matter graphitization[J].Marine and petroleum geology,144:105825.

[202] YANG C, ZHANG J C, WANG X Z, et al., 2017. Nanoscale pore structure and fractal characteristics of a marine-continental transitional shale: a case study from the lower Permian Shanxi Shale in the southeastern Ordos Basin,China[J].Marine and petroleum geology,88: 54-68.

[203] YANG W,ZUO R S,JIANG Z X,et al.,2018.Effect of lithofacies on pore structure and new insights into pore-preserving mechanisms of the over-mature Qiongzhusi marine shales in Lower Cambrian of the southern Sichuan Basin, China[J].Marine and petroleum geology,98: 746-762.

[204] YEASMIN R,CHEN D Z,FU Y,et al.,2017.Climatic-oceanic forcing on the organic accumulation across the shelf during the Early Cambrian (Age 2 through 3) in the mid-Upper Yangtze Block,NE Guizhou,South China[J].Journal of asian earth sciences,134:365-386.

[205] ZHANG H J,FAN H F,WEN H J,et al.,2022.Controls of REY enrichment in the early Cambrian phosphorites[J].Geochimica et cosmochimica acta,324: 117-139.

[206] ZHANG J P,FAN T L,LI J,et al.,2015.Characterization of the Lower Cambrian shale in the Northwestern Guizhou province, South China: implications for shale-gas potential [J]. Energy & fuels, 29 (10): 6383-6393.

[207] ZHANG W T,HU W X,BORJIGIN T,et al.,2020.Pore characteristics of different organic matter in black shale: a case study of the Wufeng-

Longmaxi Formation in the Southeast Sichuan Basin, China[J]. Marine and petroleum geology,111:33-43.

[208] ZHAO L Y, ZHOU P M, LOU Y, et al., 2021. Geochemical characteristics and sedimentary environment of the upper Permian Longtan coal series shale in western Guizhou Province, south China[J]. Geofluids,2021:9755861.

[209] ZHU X J, CAI J G, WANG Y S, et al., 2020. Evolution of organic-mineral interactions and implications for organic carbon occurrence and transformation in shale[J]. GSA bulletin,132(3/4):784-792.